技能教習の標準に準拠

現役指導員が教える

普通自動二輪免許
パーフェクトガイド

STUDIO TAC CREATIVE

技能教習の標準に準拠

現役指導員が教える

普通自動二輪免許 パーフェクトガイド

C O N T E N T S

DVD マークのある項目が DVD に収録されています。 DVDに収録

※ AT車の項目については収録されていません。

LESSON 1

基本操作 5

LESSON 2

基本走行　69

技能教習の標準に準拠

現役指導員が教える

普通自動二輪免許パーフェクトガイド

C O N T E N T S

LESSON 3
応用走行　115

LESSON 4
座　学　157

DVDマークのある項目が
DVDに収録されています。 DVDに収録

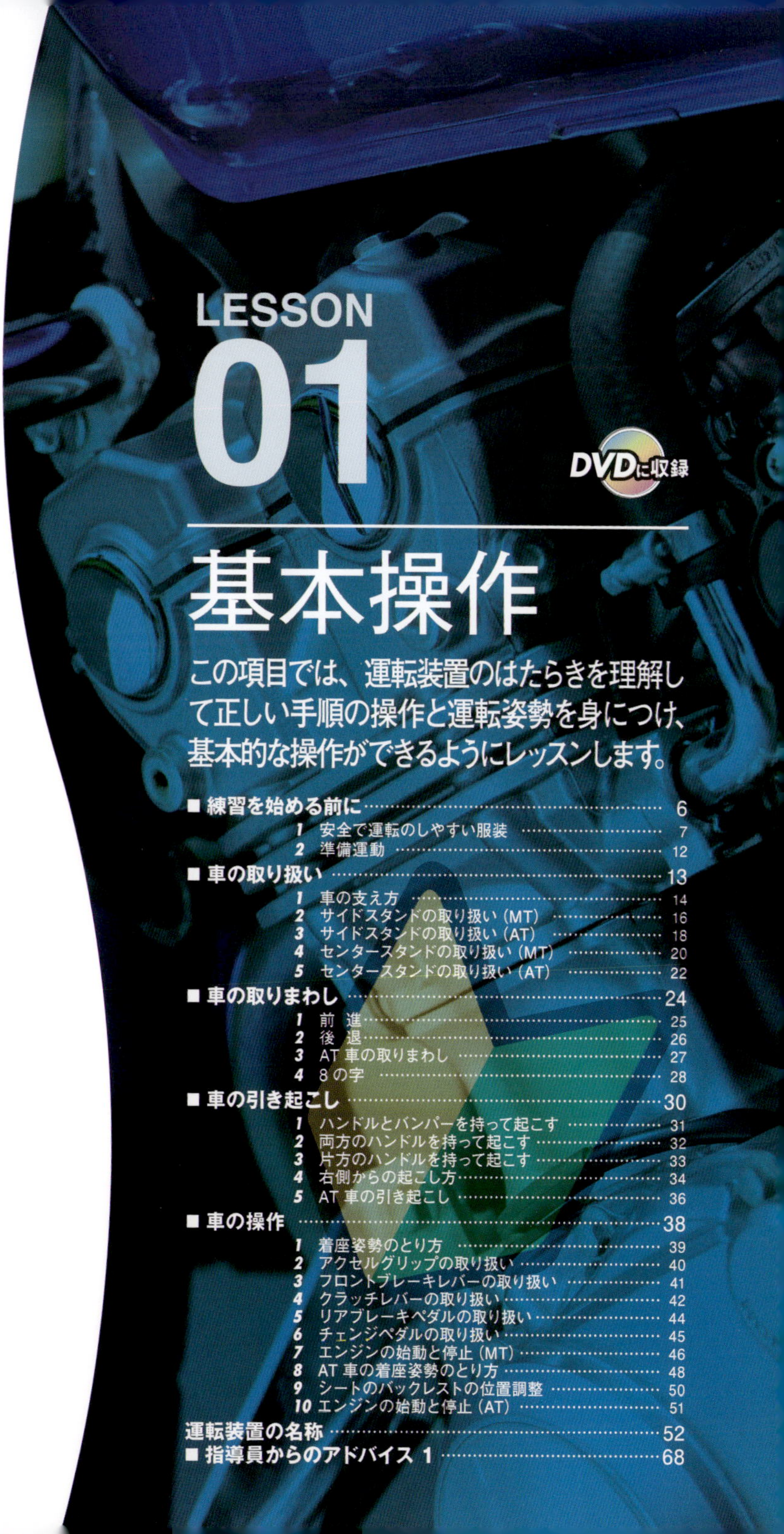

LESSON

01

DVDに収録

基本操作

この項目では、運転装置のはたらきを理解して正しい手順の操作と運転姿勢を身につけ、基本的な操作ができるようにレッスンします。

練習を始める前に DVDに収録 MT AT

これからはじめるレッスンが安全で楽しいものになるように、またいちはやく運転の技能を身に付けるために次の事を心がけましょう。

1 安全で運転のしやすい服装➡7ページ

動きやすくサイズの合った、ヘルメット・グローブ・長袖服・長ズボン・靴・プロテクターを着用して教習をします。アジャスターがあれば調節して体に合わせます

先輩からのとくとく一言!

眼鏡使用の条件で、眼鏡を忘れると、教習を受けることができません。

2 準備運動➡12ページ

ひじや膝、手首や足首、肩や首などの各関節をほぐして、体全体の準備運動をします。筋肉をストレッチさせると同時に、気持ちをリラックスさせる意味合いもあります

LESSON-01

1

DVDに収録

安全で運転のしやすい服装

MT AT

バイクの運転では、他の車と接触したり転倒をすると大きな怪我を負う可能性があります。体を保護して疲労を少なくするために、安全性が高く動きやすい服装を選びましょう。

プロテクター

万一の場合に体へのダメージを軽減するプロテクターを着用しましょう。ひじ、膝用のプロテクターの他に、胸部や背中を保護するプロテクターもあります。ずれないようにベルトなどで調整をします

グローブ

二輪車の操作で手は重要な役割を果たします。グローブは手を保護すると共に動かしやすいかどうかも重要です。手のサイズに合った操作の妨げにならないような動かしやすい物を着用しましょう

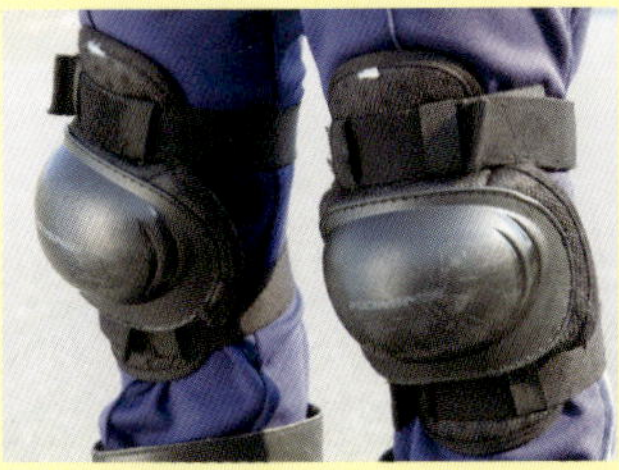

プロテクター

膝は転倒時に怪我をしやすい部分です。膝用プロテクターは、走行中にずれないよう、お皿の部分にしっかりと装着しましょう

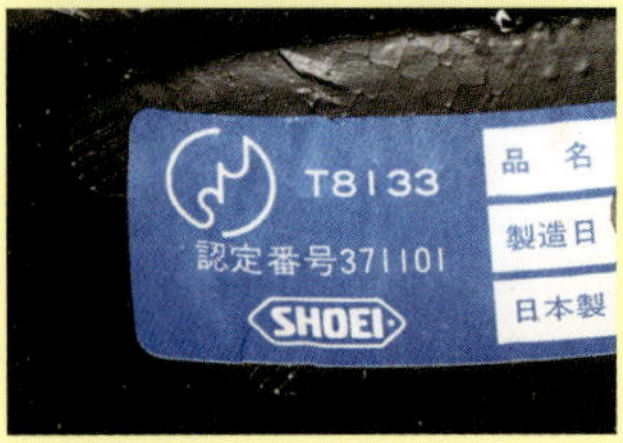

ヘルメット

乗車用ヘルメットの基準に適合している「PS（C）マーク」のあるヘルメットを必ず着用しましょう。製品安全協会の「SG規格」と日本工業規格の「JISマーク」があればバイク用ヘルメットとして認可されたものです

シューズ

動きやすくサイズの合ったブーツを着用しましょう。ズボンの裾は中に入れます。ズボンの裾が広がったまま乗車するとステップなどに引っかかる可能性があり大変危険です

減点基準

□教習延期　ヘルメット・グローブ・長袖服・長ズボン・靴を着用していない場合、または免許の条件を満たさない場合（眼鏡使用の条件で眼鏡を忘れたなど）は教習をすることができません

ヘルメット

指先であごひもを動かして、ひもがあごを越えてしまう場合は、あごひもがゆるい状態です。あごひもがゆるいと、万一の際にヘルメットが脱落してしまい安全を保てません

あごひもの長さはアジャスターで調節できます。バイクの乗車前に調節します

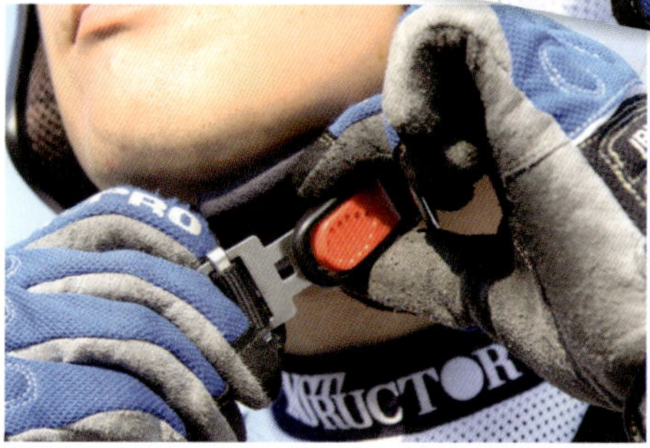

クイックリリース（ワンタッチバックル）は、カチリと音がする奥まで確実に押し込みます

あごひもは長すぎてもいけませんが、締めすぎてもいけません。長さ調節の目安は、あごひもと首の間に指一本が入る程度が最適です

あごひもが長すぎてあごを越えてしまう悪い例です。この状態だと運転中や転倒時に脱げてしまう可能性があります

先輩からのとくとく一言!

頭にフィットしたヘルメットは走行中にズレることなく、重さも感じません。

ヘルメットにはサイズがあります。ヘルメットを手で左右に動かしてみて、回ってしまわないか確認しましょう。回ってしまう場合はサイズが大き過ぎます

Good! 良い例

ヘルメットの頭頂部に頭が当たるまでしっかりとかぶり、前髪は視界の邪魔にならないように中に入れます。脱げてしまわないようにあごひもを確実に締めましょう

Bad! 悪い例

浅くかぶっていると転倒時に頭部を保護できません。また運転中の動きにより脱げてしまう可能性もあります。しっかり頭を保護するためにヘルメットを被りましょう

Bad! 悪い例

逆に深くかぶりすぎると、ヘルメットの上端が邪魔をして視界を狭くしてしまいます。すると安全確認がおろそかになり、事故の可能性が高くなります

プロテクター

転倒時に胸部と背中を保護するプロテクターです。前方に投げ出された時、ハンドルバーが胸部に当たることがあります

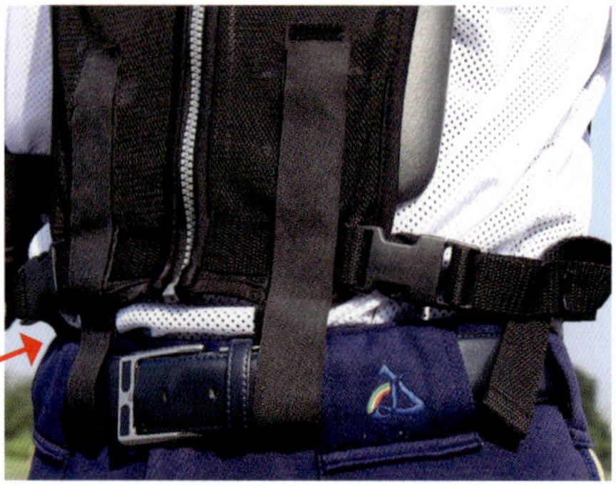

先輩からのとくとく一言!

転倒時にズレてしまってはプロテクターの意味がありません。体にフィットするようにアジャスターで調整します。

ひじ用のプロテクターは二分割され、関節の動きをさまたげない一体構造をしています。ライダーの体格に合わせてアジャスターで調節をします。緩すぎると走行中にズレてしまうので注意をします

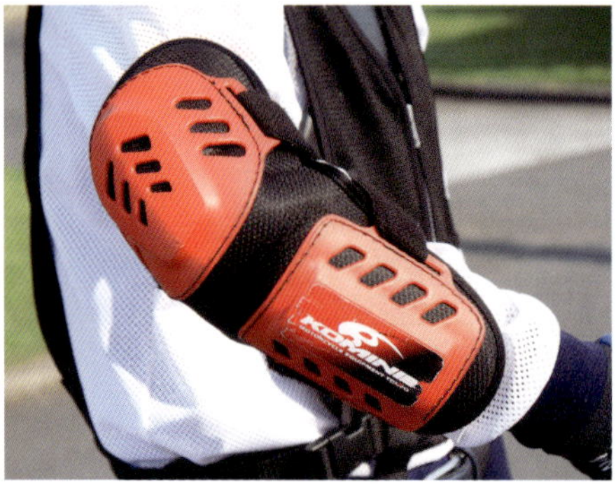

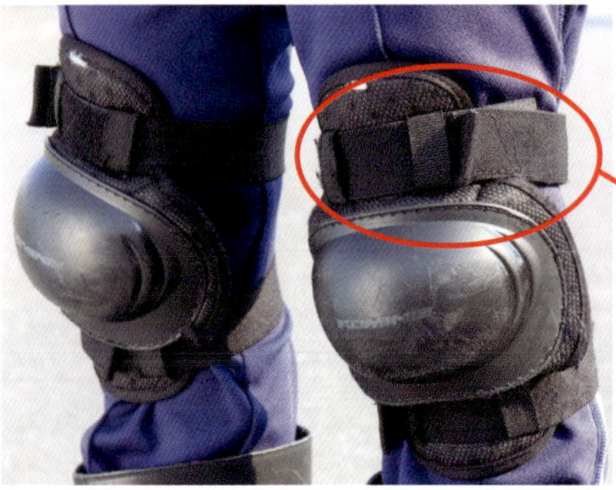

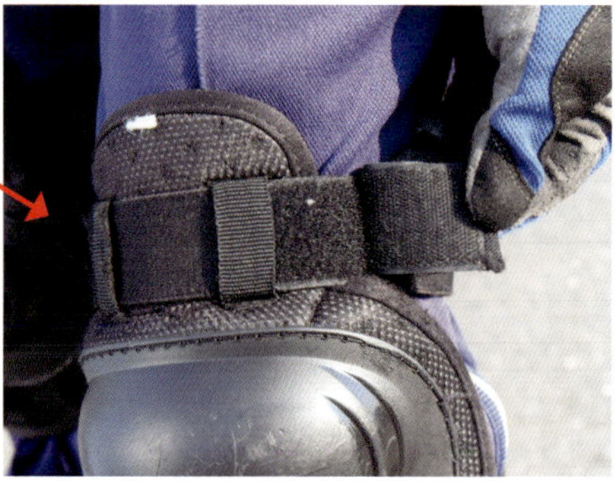

膝用のプロテクターもアジャスターで膝にフィットさせます。この膝のプロテクターの写真にキズが多くあるように、二輪車につきものの転倒時に膝を保護します

グローブ

グローブは手首にフィットさせないと、転倒時に脱げたり運転操作に悪影響が出たりします。マジックテープなどでしっかりフィットさせます。

ジャケット

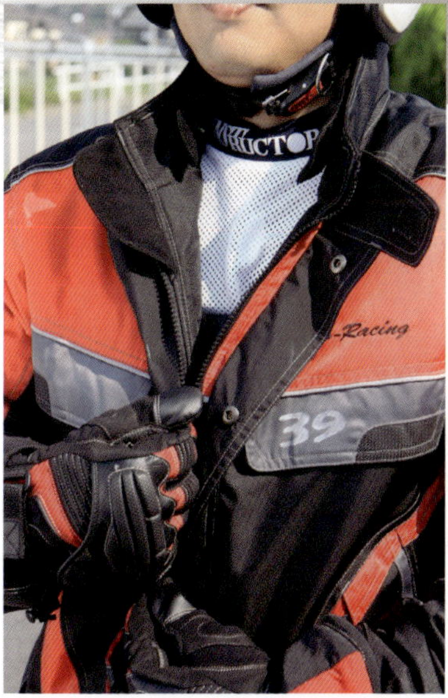

ジャケットをきちんと着ない状態で走行をすると、風にあおられたり他の物にひっかかり非常に危険です。ボタンやファスナーをきちんとしめて正しい服装で乗車しましょう

シューズ

足首を保護するアンクルガードです。ブーツ以外のシューズで運転をする場合に取り付けることで足首を保護します。ひもが付いているシューズで運転をする場合は、ひもがペダルなどに引っかからないようにシューズの中に入れます

ライディング専用のシューズもあります。くるぶしなどに保護パッドが付き、シフトペダル用のガードが装備されています

LESSON-01

DVDに収録 2

準備運動

MT AT

バイクの運転では、ライダーはバイクと一体となり走行をします。車と比べても体を多く使って運転をします。運転をする前には軽い体操をするなどして、体全体をよくほぐすようにしましょう。

二輪車の運転では日常生活では使わない筋肉を使うので、ひじや膝、手首や足首、肩や首などの各関節をほぐして、体全体の準備運動をします

急激に負荷をかけないで、徐々に筋肉をほぐしていきましょう

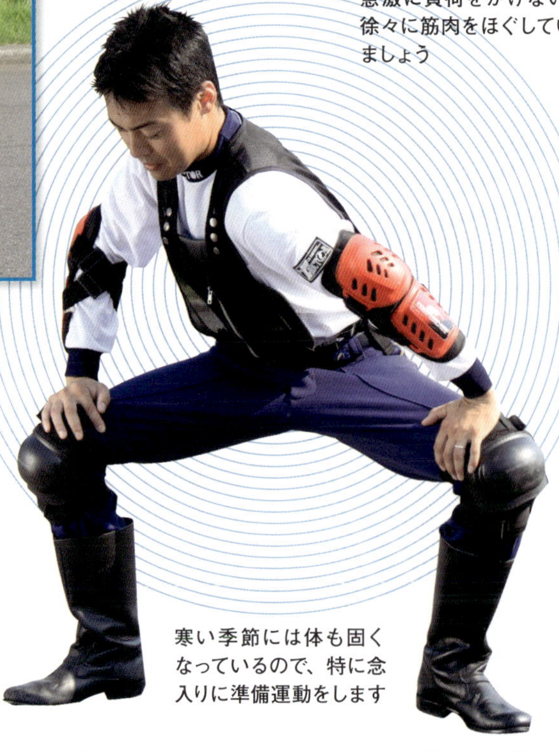

寒い季節には体も固くなっているので、特に念入りに準備運動をします

先輩からのとくとく一言!

体全体のストレッチをすることは、教習前に気持ちを落ち着ける効果もあります。

車の取り扱い

DVDに収録　MT　AT

エンジンをかけずにバイクの支え方や取り回し、スタンド操作の練習をします。
無理をせずにスムーズな取り扱いができるようにしましょう。

1 車の支え方➡14ページ

車体を傾けず垂直に保っていれば、足や腕の力をそれほど多く使わずに支えることができます。練習でその感覚をつかみましょう

2 サイドスタンドの取り扱い➡16ページ

サイドスタンドは車体の左側にあります。ハンドルを真っ直ぐにしてブレーキレバーを握りながらサイドスタンドをかけ、ゆっくりと車体を傾けて駐車します

3 センタースタンドの取り扱い➡20ページ

スタンド先端にあるツメを両端とも路面に付けます。その状態から、右足を踏み込むと同時に両手で車体を持ち上げるイメージでセンタースタンドをかけます

先輩からのとくとく一言!

車体を垂直に保つのが、様々な状況でバイクを確実に取り扱うコツです。

LESSON-01 1 DVDに収録

車の支え方

MT

車体を垂直に保っていれば、足や腕の力を使わずに支えることができます。練習でその感覚をつかみましょう。

二輪車は支えがないと倒れてしまいますが、路面に対して車体を垂直に保っていればそれほど大きな力を必要とせず、たとえば指先だけでも支えることができます

安全な場所で車体を傾け、自分がどこまで耐えられるか、どのくらい車体が重いのかなどを体験しておくと役に立ちます。もし支えきれない角度まで傾いてしまったら、下敷きにならないように二輪車を倒します

先輩からのとくとく一言!

指先だけで支える必要はありません。背の低い人や力の弱い女性などが、力に頼らず車体を支えるイメージです。

車の支え方

AT

AT 車も MT 車と同じく車体を垂直に保っていれば、足や腕の力を使わずに支えることができます。
練習でその感覚をつかみましょう。

AT 車の場合でも MT 車と同じように、路面に対して車体を垂直に保つことが重要です

安全な場所で車体を傾け、自分がどこまで耐えられるか、どのくらい車体が重いのかなど、体験しておくのも役に立ちます。もし支えきれない角度まで傾いてしまったら、下敷きにならないように二輪車を倒します

ONE POINT ワンポイント

AT 車の場合、車体を倒すとフロア部分（手で示している部分）に足をはさみやすいので、注意をしましょう

LESSON-01

DVDに収録 2

サイドスタンドの取り扱い

MT

車体を起こして、つま先でスタンドを戻します。かける時は、つま先でスタンドを引き出し、ゆっくりと車体を傾けます。

戻し方

ハンドルを左に切ってサイドスタンドで停めています。サイドスタンドを戻す時にバランスを崩し転倒をする場合もあります。周囲の状況に注意しましょう

ブレーキレバーを握りハンドルをまっすぐにし、車体をゆっくり起こします。思いがけずバイクが動き出すと転倒する事もあるのでレバーをしっかり握ります

ブレーキレバーを握ったまま、車体を引き寄せるようにバイクの左脇に立ちます。体がバイクから離れるとバランスを崩しやすくなるので注意しましょう

ONE POINT ワンポイント

腕の力だけではなく、腰を入れて体全体で車体を起こすのがコツです。この時に力をかけすぎて車体を右側へ倒さないように注意します

車両を起こしたら垂直に保ち、つま先でサイドスタンドを後方へ払います。リターンスプリングがついているので、最初に少しの力を加えれば自動的に戻ります。サイドスタンドが出たままの状態で走行すると非常に危険です。つま先の感触で、奥まで確実に戻っているかを確認しましょう

かけ方

1

車体が動き出さないようにブレーキレバーをしっかりと握り、ハンドルをまっすぐにして車体を垂直に保ったままサイドスタンドを出します

2

バランスを崩さないように注意をしながら、つま先でストッパーに当たるまでスタンドを引き出します

車体が傾いたままだとスタンドがきちんと出せません。この状態で車重をかけるとスタンドが戻り、転倒してしまいます

3

ゆっくりと車体を傾け、スタンド先端を地面に接地させます。そしてハンドルを左に切ります

ONE POINT ワンポイント

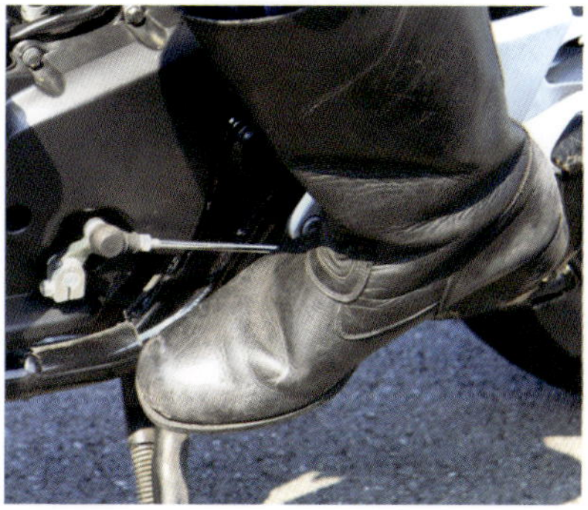

サイドスタンドをかけたら車体の安定のため、クラッチを握ってギアを一速に入れます。これにより不意に車体が動き出すことが防げます。特に斜面に駐車する時に有効です

サイドスタンドの取り扱い

AT

車体を起こして、つま先でスタンドを戻します。かける時は、つま先でスタンドを引き出し、ゆっくりと車体を傾けます。

戻し方

ハンドルを左に切って停めてある車両を、ブレーキレバーを握りながらハンドルをまっすぐにして、車体をゆっくりと起こしていきます

先輩からのとくとく一言!

停めてある車体を起こす時は、腰をシートのあたりに添えながら、体全体の反動と合わせてタイミングよく起こします。

腕の力だけではなく、腰を入れて体全体で起こすのがコツです。この時に力をかけすぎると、車体が右側に倒れてしまいます

車両を起こしたら垂直に保ち、つま先でサイドスタンドを戻します。サイドスタンドがきちんと戻っていないままで走行をすると非常に危険です。しっかりと戻っているか確認しましょう

かけ方

ブレーキレバーをしっかりと握り車体が動き出さないようにし、ハンドルをまっすぐにします。車体を起こして垂直に保ったままサイドスタンドを出します

つま先でストッパーに当たるまでスタンドを引き出します。不用意にスタンドが外れてしまわないように確実に引き出します

ゆっくりと車体を傾けてスタンド先端を地面に接地させます。そしてハンドルを左に切って停めます

ONE POINT ワンポイント

サイドスタンドで車両を停めたら、車体の安定のためパーキングブレーキをかけます。パーキングブレーキの位置は、車種によりハンドル部にあるものもあります

LESSON-01

DVDに収録 3

センタースタンドの取り扱い

MT

腕の力だけでセンタースタンドは扱えません。体全体でタイミングを合わせてテコの原理を使うのがコツです。

戻し方

車体の左脇に立ち、両手でハンドルを真っすぐに保持します。バイクから体が離れているとバランスを崩しやすいので注意します

右手はリヤのバンパーを持ちセンタースタンドを戻す方法もあります

体を後ろに引き、その反動を使って車両を前に押し出しセンタースタンドを戻します

スタンドが外れたタイミングで車体を倒しやすいため、ハンドルは真っすぐに保ちましょう

ONE POINT ワンポイント

車両を前へ押した惰性があるので、スタンドを外しても車両は前進します。前へ動いている車体は前輪ブレーキをかけて停止させます

かけ方

車体の左脇に立ち、車体を垂直に保ってハンドルを真っすぐにします。車体から離れすぎない位置に立ち、バランスを崩した時に備えて体勢を整えます

右足でスタンドを踏んで、先端にある両側のツメを路面と接地させます。そうするとテコの原理が働きます

ツメの両側が路面に接地をしていれば車体は安定します。スタンドを踏んでいれば、両手を車両から離しても倒れません

センタースタンドに乗るように、右足に全体重をかけてスタンドを強く踏み込みながら、右手で握っているバンパーを一気に引き上げるとセンタースタンドがかかります

センタースタンドの取り扱い

AT

腕の力だけでセンタースタンドは扱えません。体全体でタイミングを合わせてテコの原理を使うのがコツです。

戻し方

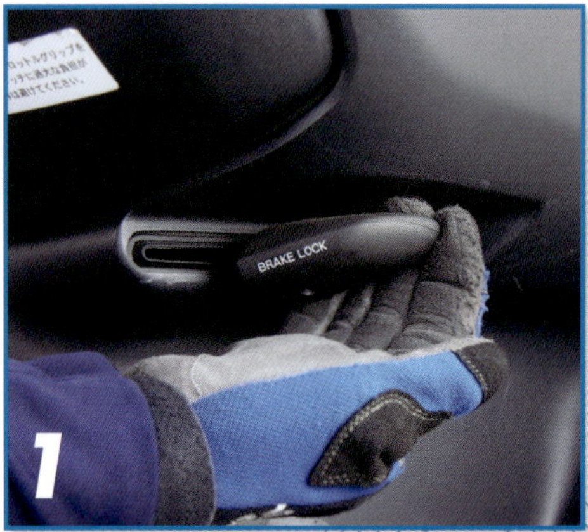

停車時のパーキングブレーキのロックを解除します。これを解除しないとタイヤが動きません

体を後ろに引き、その反動を使って車両を前に押し出しセンタースタンドを戻します

スタンドが外れたタイミングで車体を倒しやすいので、ハンドルを真っすぐに保ちます

車両を前へ押した惰性があるので、スタンドを外しても車両は前進します。前へ動いている車体は、前輪ブレーキをかけて停止させます

かけ方

左手でハンドル・右手でグラブバーを持ち、ハンドルを真っすぐにして車体を垂直に保ちます。右足でスタンドを踏んでツメの両端を接地させます

先輩からのとくとく一言!

ツメの両端が接地しているかどうか目視では確認できないので、そっと車体を振って、手に伝わる振動で判断します。

センタースタンドに乗るように、右足に全体重をかけてスタンドを強く踏み込みながら、右手で握っているグラブバーを一気に引き上げるとスタンドがかかります。引き上げるタイミングで左手に力が入り、ハンドルが右や左へ切れないように注意します

車の取りまわし DVDに収録 MT AT

エンジンをかけないで二輪車を押して歩くことを「取り回し」と呼びます。
駐車場からの出し入れなどバイクを移動する時に必要です。

01
基本操作

1 前　進➡25ページ

車体を少し自分の方に傾けて、腰で支えながら前進します。
前輪ブレーキを丁寧にかけて止まります

2 後　退➡26ページ

ハンドルを真っすぐにして車体を垂直に保ちながら、目標を見定めて一直線に下がります

3 8の字➡28ページ

ハンドルをゆっくりと切り、数字の8の形に押し歩きます。腕の力だけではなく腰で車体を支えながら、歩幅を小さめにしてゆっくりと歩きます。歩幅が大きいと車体の重さがかかり、支えきれなくなるので注意が必要です

LESSON-01

DVDに収録

1

前 進

MT

車体を少し自分の方に傾けて、腰の辺りで支えながらゆっくりと前進します。止まる時は前輪ブレーキをやさしくかけ安定して止まるようにします。

ブレーキをいつでもかけられるように、右の指をブレーキレバーにそえておきます。左手はクラッチレバーには触れず、しっかりとグリップを握ります

車体を少し自分の方に傾けて、腰の辺りで支えながらゆっくりと一定の歩幅で前進します

Good! 良い例

全身でハンドルを押すイメージで、はじめの一歩を踏み出します。歩幅を大きくすると車体の動きが早くなりついていけなくなるので、一定の歩幅でゆっくりと進みましょう

Bad! 悪い例

車両から腰が離れ、腕だけで支えているので不安定です。足も車体から離れているので踏ん張りが効きません

LESSON-01

DVDに収録 2

後退

MT

ハンドルを真っすぐにしたまま、車体を垂直に保ち目標を見定めて一直線に下がります。バランスを崩しやすいので、腕だけではなく腰でも車体を保持します。

後ろを振り返りながら後方に引き歩きます。ハンドルをまっすぐにしたまま、車体を垂直に保ち目標を見定めてまっすぐに下がります。腕だけでなく腰も入れて押します

ハンドルを手前へ引くようにして、停止状態からスタートのきっかけを作ります。視線が近いと不安定になります。視線を遠くの一点に向けると真っすぐに下がれます

歩幅が大きくならないように注意をし、一定の歩幅でゆっくりと後ろに押し進めます。右手はハンドルではなく、シートやバンパー、またはキャリアやハンガーを持って後退する方法もあります

ONE POINT ワンポイント

無意識のうちに左手に持ったハンドルが切れてしまうことがあります。慣れないうちは後退時にハンドルが切れるとバランスを崩しやすいので注意が必要です

AT 車の取りまわし

AT

エンジンをかけないで二輪車を押して歩くことを「取り回し」と呼びます。駐車場からの出し入れなどバイクを移動する時に必要です。

1 前 進

車体を少し自分の方に傾けて、腰の辺りで支えながらゆっくりと前進します。止まる時は、前輪ブレーキをやさしくかけ安定して止まるようにします

2 後 退

ハンドルを真っすぐにしたまま車体を垂直に保ち、目標を見定めて一直線に下がります。バランスを崩しやすいので、車体から体を離し過ぎないように注意しましょう

3 8の字

歩幅を小さめにゆっくりと、腰で車体を支えながら数字の８の字に押し歩きます。AT 車の場合、車体のカバーが邪魔をして前輪タイヤが見えにくいので注意します

右回りは、左手でハンドルを前に押し出すイメージでゆっくりと進みます

左回りは、車体の内側から支えるため、右回りより多少歩幅を小さくします

LESSON-01

DVDに収録 3

8の字

MT

ハンドルをゆっくりと切り、腰で車体を支えながら数字の8の字に押し歩きます。歩幅が大きいと車体の重さがかかり、支えきれなくなるので歩幅を小さめにしてゆっくりと歩きます。

ハンドルを左に切り、腰で車体を支え進み始めます

車体を腰で支えながらゆっくりと進みます。ハンドルを左に切るので前輪ブレーキレバーが遠くに位置してしまいます

視線が近くになり過ぎないように注意をしましょう

早足にならないように一定の歩幅で前へ進めます

車体の重さがライダーにかかると不安定になります。車体の重さを腰で支えながらゆっくりと歩きます

右回りではハンドルを右に切り車体を腰で支えながら、左手でハンドルを前に押し出すイメージでゆっくりと前に進みます

右回りは、左回りより少し歩幅を大きくします

ハンドルを右に切って、一定の歩幅で前へ進めましょう

車の引き起こし

DVDに収録　MT　AT

転倒してしまった場合などに必要な引き起こしです。AT 車の場合は、
全ての方法でパーキングブレーキをかけて車体が動き出さないようにします。

1 ハンドルとバンパーを持って起こす➡31ページ

左手でハンドル、右手はバンパーを持って起こします

2 両方のハンドルを持って起こす➡32ページ

車体の左側から両方のハンドルを持って起こします

3 片方のハンドルを持って起こす➡33ページ

片方のハンドルを両手で持って起こします。右からでも左からでも使えます

4 右側からの起こし方➡34ページ

車体が倒れた状態の時に、サイドスタンドを出してから、右側から起こします

ONE POINT ワンポイント

メインスイッチかキルスイッチでエンジンを停止させます

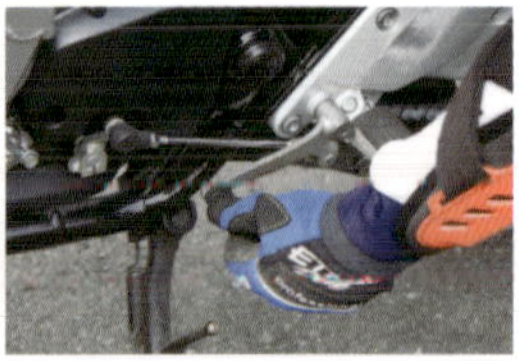

車両が動き出さないようにブレーキをかけギアを入れます

LESSON-01
DVDに収録
1

ハンドルとバンパーを持って起こす

MT

左手でハンドルを、右手はバンパーやハンガーを持ち、シートに体をつけて体全体で車体を起こします。

車体が倒れた状態のままハンドルを左いっぱいに切り、左手でハンドル・右手でバンパーやハンガーを持って、車体の横にかがんで胸板を車体に付けます

お尻を持ち上げて踏み出すような感じで、足や腰を使い車体を引き起こします

車体を立てたらサイドスタンドをかけます

ONE POINT ワンポイント

右手はグラブバーやキャリア、またはバンパーを持ちます

LESSON-01

DVDに収録 2

両方のハンドルを持って起こす

MT

車体の左側から、両方のハンドルを持って起こします。右手で前輪ブレーキをかけて体全体で起こします。

引き起こす前準備として、車体が倒れた状態のままハンドルを左いっぱいに切ります

燃料タンクかシートの下に腰を当てて、かがんだ姿勢から足を伸ばすと同時にハンドルも引き上げます

ギアを１速にしていても車両が動いてしまう場合は、前輪ブレーキを握ります

ONE POINT ワンポイント

腕の力だけで車体を起こすのではなく、燃料タンクかシートの下に腰を当てて体全体で起こします

LESSON-01

DVDに収録 3

片方のハンドルを持って起こす

MT

車体の左側に立ち、左側のハンドルを両手で持って車両を起こす方法で、右側からでも左側からでも使えます。テコの原理が効きやすいので、コツをつかめば体力を使わずに起こせます。

左側へ転倒した時にはハンドルが左を向いていることが多いので、ハンドルを右に切ります

ONE POINT ワンポイント

両手を重ねても前後に位置させても、持ちやすい方で構いません

クラッチ側のハンドルグリップを両手で持ちます。ハンドルの前方に立ち、車両の斜め右後ろ方向へ力を入れるイメージで起こしていきます

両手で車体を引き上げると同時に、足や腰、体全体の力を使って一気に車体を引き起こします。タイヤを支点に、手と足を力点にして体全体を使って起こします。勢いを付け過ぎて、右側へ倒さないように注意をしましょう

LESSON-01 DVDに収録 4

右側からの起こし方

MT

車両は左側だけではなく、右側へ倒してしまうことがあります。あらかじめサイドスタンドを引き出しておいてから、本項1「ハンドルとバンパーを持って起こす」と同じ要領で引き起こします。

ONE POINT ワンポイント

右側から起こす場合には、必ずサイドスタンドを出します。ギアを1速に入れるとタイヤが動き出さずに安定します

右手で前輪ブレーキレバーを握り、車体が動き出さないようにして起こします

左手はリアバンパーを持ちます。グラブバーを持っても構いません

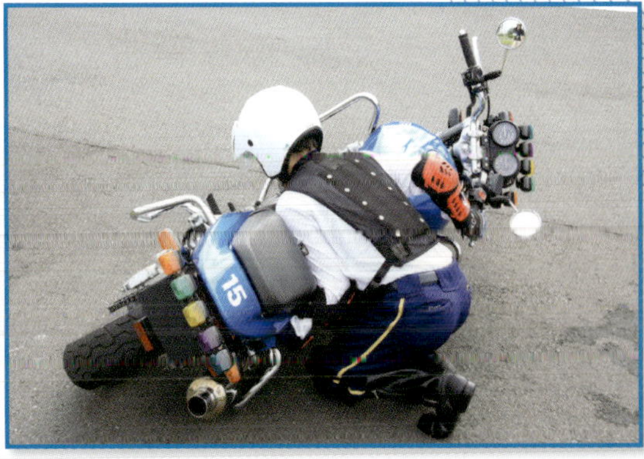

メインスイッチかキルスイッチで、エンジンを停止させます。右手でハンドル、左手でバンパーかグラブバーを持ち、バイクの右横にしゃがみこんで胸板を車体に付けます

胸を車両につけたままお尻を持ち上げ、踏み出すような感じで、足や腰を使い車体を引き起こしていきます。車両が動き出さないようにフロントブレーキをしっかりとかけて起こします

先輩からのとくとく一言!

スタンドをかけて車体にまたがる時、右側（車道側）からの乗車は危険なので、必ず左側（歩道側）から乗車します。

車体が起き上がったら一旦車体を路面と垂直にして体を乗り出し、サイドスタンドが確実に出ているかを目視確認します。そのまま足を前に踏み出すように車両を起こします

両手で車両を支えたまま左側へ車重を移し、ゆっくりとサイドスタンドで立てます

AT車の引き起こし

AT

転倒してしまった場合などに必要な引き起こしです。全ての方法でパーキングブレーキをかけて車体が動き出さないようにします。

ONE POINT ワンポイント

左手でハンドルを握り、リヤブレーキをかけます

パーキングブレーキをかけて、タイヤを固定して車体を安定させます

右手はグラブバーやバンパーを持ちます。車種によっては、シートやリアキャリアを持っても構いません

1 ハンドルとバンパーを持って起こす

引き起こす前準備として、車体が倒れた状態のままハンドルを左いっぱいに切ります。車体の左側にかがんで胸板を車体（シートやバックレスト）に付けます。そして膝を伸ばすと同時に両手も引き上げて車体を起こします

2 両方のハンドルを持って起こす

車体の左側から両方のブレーキをかけながらハンドルを持ち、シートのバックレストに腰をあてて、かがんだ姿勢から足を伸ばします

シートに腰をつけて体全体で車体を起こします

ONE POINT ワンポイント

車体を起こす前に、サイドスタンドを引き出します

3 右側からの起こしかた

右手でハンドル、左手でバンパーかグラブバーを持ちます。そしてバイクの右横にしゃがみこみ、胸板を車体に付けます

お尻を持ち上げて、足や腰を使い車体を引き起こします。起き上がったらサイドスタンドが出ているかを目視確認します

両手で支えたまま左側へ車重を移して、サイドスタンドに立てます。公道では必ず左側から乗車しましょう

車の操作 DVDに収録 MT AT

バイクはエンジンで動力を発生させ、それを後輪に伝えて走行します。
それらを制御する独立した装置を正しい姿勢で扱います。

1 着座姿勢のとり方

➡39ページ

運転装置を正確に操作するには、適切な着座姿勢が必須です

2 アクセルグリップの取り扱い

➡40ページ

根元から指一本分あけてグリップを握ります

3 フロントブレーキレバーの取り扱い

➡41ページ

ブレーキレバーは、常に4本の指で操作します

4 クラッチレバーの取り扱い

➡42ページ

4本指で素早く切って、ゆっくりとつなぎます

5 リアブレーキペダルの取り扱い

➡44ページ

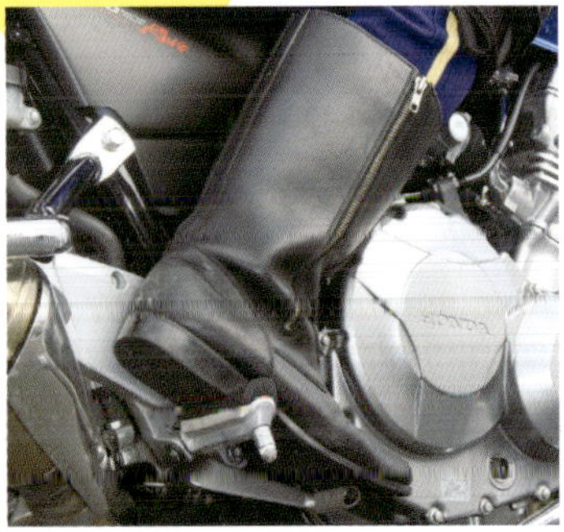

後輪ブレーキは右足で操作します

6 チェンジペダルの取り扱い

➡45ページ

ギア変速は左足のつま先で行ないます

7 エンジンの始動と停止

➡46ページ

エンジンの始動と停止の手順です

LESSON-01

DVDに収録

1 着座姿勢のとり方

MT

適切な着座姿勢をとることで、運転に必要な操作や判断ができるようになります。センタースタンドをかけた車体で姿勢を確認します。

腰に手を添えてステップの上に真っすぐに立ちます。そのまま膝を曲げて腰を下げシートに座ります

ニーグリップをして背筋を伸ばし、腕に力を入れずハンドルに手を添えます。これが正しい着座位置です

体を車両と一体化させるために、タンクを両膝で軽く締めることをニーグリップと言います

ハンドルを左右いっぱいに切り、腕が伸び切らないか確認します。腕が伸び切ってしまう場合は少し前に座るなど着座位置で調整します

減点基準

□10点減点　着座位置が不適切なため不自然な姿勢のとき。必要な場合にニーグリップをしないとき。ステップバーへの足のかけ方が常に不適切なとき。ハンドルグリップの保持が不適切なとき。著しくひじを張っているとき

DVDに収録 2

アクセルグリップの取り扱い

MT

全ての指を使ってグリップを握ります。手首を動かしてアクセルを操作し、開ける時はゆっくり、戻す時は素早く操作します。

親指をハンドルグリップの下に、それ以外の指を上に配置して、そしてグリップが指の付け根に当たる姿勢をつくります

その姿勢のまま力を入れすぎないように自然にグリップを握ります

ONE POINT ワンポイント

アクセルグリップは、グリップラバーの内側から指1本分くらい離れた位置を握ります

Good! 良い例

手首を120度ほどに曲げてアクセルを握ります

Bad! 悪い例

ひじが下がりすぎると必要なアクセル開度を確保できず、ハンドル操作が適切にできません

Bad! 悪い例

手首が上がり過ぎていると、アクセルを開き過ぎてしまう場合があります

減点基準

□5点減点　アクセルの空ふかし、急発進したとき。操作不良によるノッキング　□10点減点　ハンドルグリップの保持が不適切なとき。著しくひじを張っているとき　□20点減点　安全速度よりおおむね時速5km以上速い場合

LESSON-01

DVDに収録 3

フロントブレーキレバーの取り扱い

MT

前輪ブレーキは右手で操作します。一気にかけるとタイヤが滑る可能性があるので、４本の指で丁寧に、そして確実に操作します。

グリップラバーの内側から指１本分くらい離れた位置を握り、４本の指でフロントブレーキをかけます

ブレーキレバーの内側を握り過ぎている悪い例です。テコの原理が効きにくく、必要な制動力が得にくくなります

ブレーキレバーの外側を握り過ぎていると、ハンドルやブレーキレバーから手が放れてしまう危険性があります

外側の指３本でかけていると、握った時に指がレバーとハンドルの間に挟まってしまいます

内側の指２本でかけていると、握った時に指がレバーとハンドルの間に挟まってしまいます

減点基準

□10 点減点　前、後輪ブレーキレバーを常時２本以下の指で操作しているとき。二輪車で制動する場合に、前後輪ブレーキをおおむね同時に使用しないとき、または前後輪ブレーキのいずれかを使用しないとき

LESSON-01

DVDに収録 4

クラッチレバーの取り扱い

MT

クラッチとはエンジンの動力を切ったり繋いだりする機能です。切る時は素早く、繋ぐ時はゆっくりと操作します。

ONE POINT ワンポイント

左手のクラッチ側のグリップも、アクセル側と同じようにラバーの根本から指1本分を離した位置で握ります

4本の指でクラッチレバーを握り、半クラッチなど確実な操作を行ないます

親指はグリップラバーの下に通して操作します

Bad! 悪い例

指2本でかけていると、レバーを握ってもクラッチが切れていない状態になりがちです

Bad! 悪い例

指3本でかけていると、指がレバーとハンドルの間に挟まり適正な操作ができません

減点基準

□5点減点　クラッチの操作不良による急発進・ノッキング・エンストしたとき。ギアが入ったままクラッチを切らずにエンジンをかけたとき　□10点減点　ハンドルグリップの保持が不適切なとき。著しくひじを張っているとき

クラッチの操作

停止状態です。自然な手首の角度で、力を入れ過ぎないようにグリップを握ります

クラッチレバーに４本の指を添えます

そのままレバーを素早く引き、グリップに付くまで確実に握ります。チェンジペダルを踏み込み、ギアを１速に入れます

アクセルを少し開けながら、クラッチレバーをゆっくりと戻します。レバーを半分戻したあたりで車両が動き出します

車両を動かすため、さらにアクセルを開けながらクラッチレバーを完全に戻すと、クラッチが完全に繋がります

走行中にクラッチの操作をしない時は、クラッチレバーに触れないようにして、すべての指でグリップラバーを握ります

LESSON-01

DVDに収録 5

リアブレーキペダルの取り扱い

MT

後輪ブレーキは右足で操作します。土踏まずをステップに乗せ、親指の付け根あたりで踏みます。一気に踏んでしまうと後輪がロックし、車体のバランスを失ってしまうので注意しましょう。

ステップバーに土踏まずを乗せ、ブレーキペダルの上につま先を乗せてブレーキ操作に備えます

かかとがステップバーから外れると強く踏み込んでしまい、後輪がロックする危険性があります

つま先は前に向けます

ブレーキをかける時は、ステップバーに土踏まずをしっかり乗せたままつま先でペダルを踏みます。つま先の微妙なコントロールが大切なので正しい姿勢で操作しましょう

ブレーキをかける時に、かかとがステップバーから離れてしまうのはNGです。足元が不安定になり、ブレーキペダルの適切な操作ができません

減点基準

□10点減点　足先の向きまたはステップバー等への足のかけ方が常に不適切なとき。二輪車で制動する場合に、前後輪ブレーキをおおむね同時に使用しないとき、または前後輪ブレーキのいずれかを使用しないとき

LESSON-01

DVDに収録 6

チェンジペダルの取り扱い

MT

ギアの変速は左足のつま先で行ないます。ペダルを上げるとギアは上がり、踏み下げると下がります。ギアが入りにくい時や噛み合わせが外れた場合は、クラッチを握り直して踏み込みます。

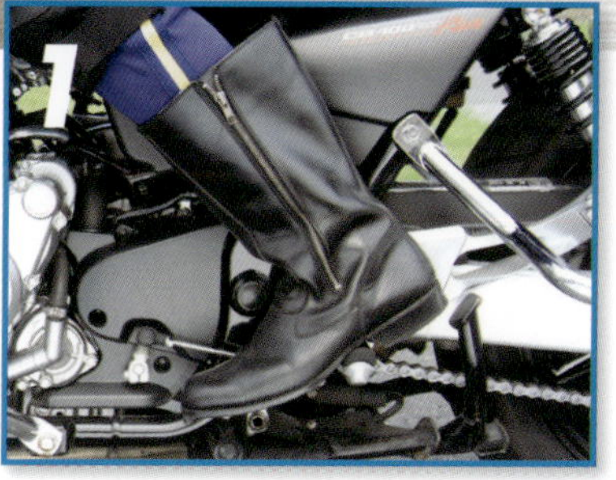

走行中など、チェンジペダルの操作をしない時の正しい姿勢です。ステップバーに土踏まずを乗せ、チェンジペダルの上につま先を乗せます

ギアを上げる場合は、チェンジペダルの下につま先を入れて親指の辺りで上げます。ギアチェンジをしたら、ペダルの上につま先を戻します

Bad! 悪い例

かかとで踏み込んでいる悪い例です。ステップバーから足を離すことで、車体が不安定になってしまいます

Bad! 悪い例

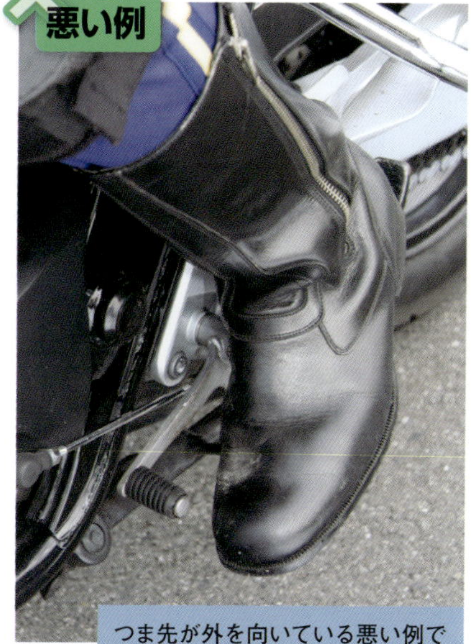

つま先が外を向いている悪い例です。これでは、チェンジ操作のタイミング遅れてしまいます

Bad! 悪い例

かかとは、常にステップバーから離れないようにしましょう

減点基準

□ 10 点減点　ステップバーへの足のかけ方が常に不適切なとき。変速操作不良で、ノッキングが連続 3 回以上おきたとき。ギアが不適切なまま走行を続けようとするため、通常のアクセル加速がつかないとき

LESSON-01 7 DVDに収録

エンジンの始動と停止

MT

バイクを停車させた状態でエンジンを始動させ、そしてエンジンを停止させる手順を紹介します。メインスイッチの場所は、車種によって異なります。

エンジンの始動

メインスイッチにキーを差し込み、オンの位置に回します

メインスイッチは、オフの状態から右に回すとオンになります

キルスイッチの位置を確認します。スイッチを手前側に倒すとオンになります

メーターにあるニュートラルランプ（N）が点灯していることを確認します

ギアがニュートラルに入っていない場合はニュートラルにします

減点基準　□5点減点　ギアが入ったままクラッチを切らずにエンジンをかけたとき　□10点減点　ステップバーへの足のかけ方が常に不適切なとき。ハンドルグリップの保持が不適切なとき。前、後輪ブレーキレバーを常時2本以下の指で操作しているとき。アクセルの空ふかし

安全のため、クラッチレバーを握ってから、エンジンを始動します

先輩からのとくとく一言!

安全装置がついている機種では、ギアをニュートラルにするかクラッチレバーを握らないとセルモーターは回りません。

クラッチレバーを握ったまま、セルモーター（スターター）スイッチを押してエンジンを始動します

セルモーターのスイッチは、右手の親指で操作します

エンジンの停止

エンジンを停止する場合は、キーを回してメインスイッチをオフにします

緊急時には、キルスイッチをオフにしてもエンジンは停止できます。その後、必ずメインスイッチもオフにしましょう

AT車の着座姿勢のとり方

AT

視線を遠くに向け、手首やひじが軽く曲がる自然な位置でハンドルを握り、足も無理の無い自然な位置におきます。シートのバックレストに腰をあてると体が安定します。

01

基本操作

グリップの握り方

左右のグリップは、根元から指1本分離した位置を握ります。前後のブレーキレバーは4本の指で握って操作します

顔の位置

前方のやや遠くに視線を定め、背筋を伸ばして乗車します。前かがみになったり、視線が下向きにならないように注意しましょう

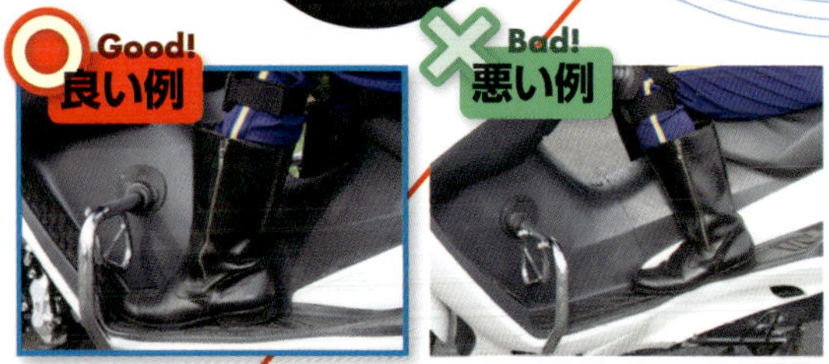

足の位置

足はステップボードの平らな部分に置きます。必要により軽く前に押し付けるようにすると下半身が安定します。ステップボードの後方に足を置くと、バランスを取りにくくなります

腰の位置

シートのバックレストに腰を押し付けると下半身が安定します。離れていると体を支えにくく不安定になります。体格や好みによりバックレストの位置は調節が可能です(P50参照)

手首の角度

Good! 良い例

手首やひじが軽く曲がる（120度の角度が目安）自然な位置で、アクセルグリップを握ります

先輩からのとくとく一言!

手首を動かしてアクセルを操作し、開ける時はゆっくり、戻す時は素早く操作します。

Bad! 悪い例

ひじが上に上がり過ぎている悪い例です。アクセル操作が雑になりがちなので、気をつけましょう

悪い姿勢

Bad! 悪い例

膝が開き過ぎています。膝を閉じてシートの前側を軽くニーグリップするのが正しい姿勢です

Bad! 悪い例

膝が閉じ過ぎています。下半身に力が入り過ぎてしまうので、もう少しリラックスしましょう

Bad! 悪い例

シートの前に乗り過ぎています。腰がシートのバックレストにあたる位置に乗車しましょう

Bad! 悪い例

膝が開き過ぎている悪い例です。シートの上で体が不安定になります

シートのバックレストの位置調節

AT

ほとんどのスクータータイプの AT 車両には、バックレストが調整できる機能があります。
自分の体格に合わせて位置調整を行ないます。

バックレストに腰をしっかりと押し付けて体を安定させます。バックレストの位置を前後させて調節しましょう

教習車のスカイウェイブの場合、メインスイッチを押し込んで右に回すとシートのロックが解除されます

ロックが解除されたら、シートを上に持ち上げます

シートの裏側にバックレストの調整用ノブがあります。矢印の方向に動かすと、ロックが外れて位置を調節できます

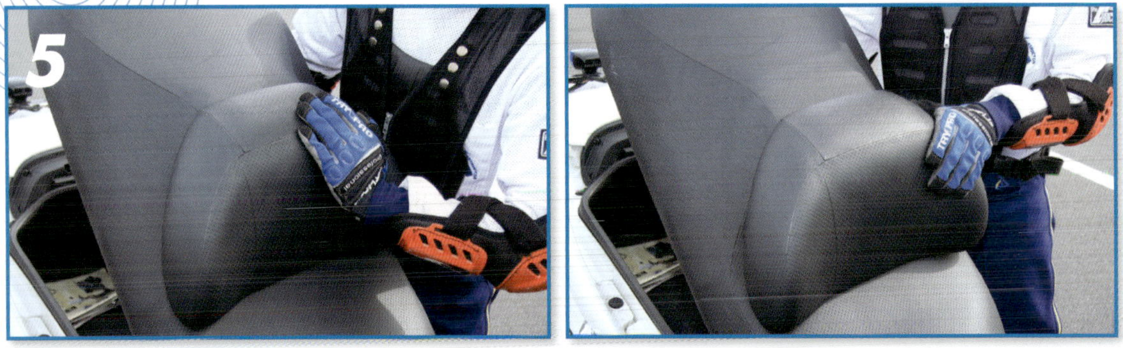

調整用ノブを押しながらバックレストの位置を前後させます。バックレストは車種により 3 段階から 5 段階程度、前後に動かすことができます。左の写真は最も後ろに、右写真は最も前に動かしたカットです

エンジンの始動と停止

AT

AT 車両のエンジン始動と停止の手順です。安全装置があるため、ブレーキレバーを握らないとエンジンが掛からない構造になっています。

エンジンの始動

1

メインスイッチにキーを差し込み、オンの位置に回します

2

左手でリアのブレーキレバーをしっかりと握ります

キルスイッチ
スイッチが始動の位置になっていることを確認します
セルモータースイッチ
スターターとも呼ばれ、スイッチを押すとエンジンが始動します
3

スタータースイッチを押し、セルモーターを回してエンジンを始動します

エンジンの停止

エンジンを停止する場合はメインスイッチをオフにします

緊急時にはキルスイッチをオフにしてもエンジンは停止できます。その後、必ずメインスイッチもオフにしましょう

減点基準

□ 5 点減点　アクセルの空ふかし　□ 10 点減点　ステップボードへの足のかけ方やハンドルグリップの保持が不適切なとき。前、後輪ブレーキレバーを常時 2 本以下の指で操作しているとき

HONDA CB400 Super Four [HYPER VTEC Revo]

運転装置の名称 MT

車両右側

ブレーキレバー
右手でレバーを握ると、前輪ブレーキが作動します
フューエルインジェクション
電子制御でガソリンを噴射して、空気と混ぜた混合気をエンジンへ供給します
ヘッドライト
進行方向を照らす前照灯。昼間でも点灯させます
フロントフェンダー
走行中に前輪が跳ね上げる泥や雨水などを防ぐカバー
HONDA
リアブレーキ
後輪の回転を制御する油圧式ディスクブレーキ
マフラー
排出ガスを浄化して、排気音をおさえる装置です
エンジン
混合気を燃やす装置。並列4気筒で排気量は400cc
フロントブレーキ
油圧でディスクローターを挟んで、速度を調整する装置

車両左側

フューエルタンク
18 リットルの燃料タンク。燃料計が装備されています
テールライト
点灯して、後続の他車に自車の存在や制動を示します
クラッチレバー
エンジン動力をつないだり切ったりするレバーです
シート
ライダーが座る場所です。二人乗りもできます
チェンジペダル
トランスミッションギアの組み合わせを変えるペダル
タイヤとホイール
チューブレスタイヤと、それを装着するキャストホイール
サイドスタンド
停車中に車両を自立させる装置。走行中は収めます
スイングアーム
後輪とサスペンションを連動させ、車体を支えます
ドライブチェーンとスプロケット
エンジンの動力を適切な回転数にして、後輪に伝えます

車両正面
バックミラー
ハンドルの左右にある、車体の後方を映す鏡です
ハンドルバー
前輪を左右に動かす、アップタイプのハンドル
クラッチレバー
エンジン動力をつないだり切ったりするレバーです
ブレーキレバー
右手でレバーを握ると、前輪ブレーキが作動します
ヘッドライト
進行方向を照らすハロゲンバルブの前照灯です
ホーン（警笛）
自車の存在を他車へ明らかにするためのホーンです
フロントウインカー
方向指示器とも呼び、進行方向を他車に知らせる装置です
16
フロント
サスペンション
車体を支え、前輪からの衝撃を吸収する緩衝装置です
センタースタンド
停車中やメンテナンス時に車両を自立させます
フロントタイヤ
素材のゴムと中の空気で車体を支える前輪タイヤです

運転装置の名称

車両後方

リアウインカー
点滅して、後方の他者に進行方向を知らせます
テールライト
前か後のブレーキをかけると、ストップランプのバルブが点灯します
リフレクター（反射板）
夜間、他車のライトを反射してこちらの存在を知らせます
バンパー
転倒した時に車体や乗員を保護するプロテクターです
リアサスペンション
車体と体重を支え、路面からの衝撃を吸収する装置
マフラー
排出ガスを浄化して、排気音をおさえる装置です
リアブレーキ
右足ペダルで後輪の回転を制御するディスクブレーキ
ドライブチェーン
エンジンの動力を後輪のスプロケットに伝えます
スイングアーム
後輪とサスペンションを連動させ、車体を支えます
リアタイヤ
エンジン出力を、チェーンで受けて車体を前進させます

車両上方

計器類
速度計と回転計を中心とした二眼メーターです
給油口
燃料タンクの給油口は、鍵でロックができます
ハンドルグリップ
ハンドルを握る部分。手に伝わる衝撃を吸収します
フューエルタンク
CB400の燃料タンク容量は、18リットルあります
シート
ライダーが座る場所です。二人乗りもできます
シートカウル
シート後部を覆うカバー。内部は小物入れです
16
ナンバープレートホルダー
公道を走る時に必要なナンバープレートをつける場所です

1 ヘッドライトには明るい H4 のハロゲンバルブが装備されています
2 ラジエーターはエンジン熱を冷却水で冷やします　3 フロントサスペンションはテレスコピック式を採用　4 エキゾーストパイプは4in1 の集合タイプ　5 前輪には、ホイールの両側にブレーキディスクがあるダブルディスクが装備されています

6 表示のPGM-FIは電子制御燃料噴射装置のことです。燃料を供給します　7 HONDAのロゴの内側にクラッチが収められています　8 ブレーキをかけると2灯あるストップランプが点灯します　9 マフラーの消音部はサイレンサーとも呼ばれ、排出ガスの浄化や消音のためにあります　10 リアブレーキペダルには、滑り止めの溝があります　11 チェンジペダルはゴムでカバーされています

12スチール製のフューエルタンクは、適切なニーグリップのために後部が凹んでいます　13シートにはウレタンフォームが内蔵されています　14エンジンは水冷 4 ストローク DOHC4 バルブ並列 4 気筒　15ビスカス式のエアクリーナー　16軽量で剛性の高いアルミ製のスイングアーム　17リアサスペンションはプリロードが 5 段階に調節でき、体重に合わせて変更できます

計器類

スピードメーター（速度計）
速度をキロメートル毎時（1時間に進む距離）という単位で表示します

タコメーター（回転計）
1分間のエンジン回転数を表示します。1000倍にすると正しい数値です

オドメーター（積算計）
総走行距離を表示します。整備時期の目安にも活用できます

燃料計
燃料タンク内のガソリンの残量を表示します

油圧計
エンジンオイルの圧力が低い異常時に点灯します

トリップメーター（区間計）
走行した区間距離を表示します。リセットをして計測を始めます

水温警告ランプ
ラジエター水温が高い異常時に点灯します

左ウインカーランプ
左ウインカー使用中に点滅するランプです

右ウインカーランプ
左ウインカー使用中に点滅するランプです

排気熱警告ランプ
エンジンの温度が異常に高くなった場合に点灯します

ハイビームランプ
ヘッドライトがハイビームになっている時に点灯します

メインスイッチ
オンにすると電源が入り、エンジンが始動可能になります

ニュートラルランプ
ギアがニュートラルに入っている時に点灯します

ハンドル周り

パッシングスイッチ
ヘッドライトのハイビームが押している間だけ点灯します

ディマースイッチ
ヘッドライトの光軸を、上下に切り替えるスイッチです

ホーンスイッチ
ホーン（警笛）を鳴らす時に使うスイッチです

ウインカースイッチ
左右のウインカーを作動させる時に使うスイッチです

キルスイッチ
非常用のエンジン停止スイッチです

セルモータースイッチ
スイッチを押すとセルモーターが回り、エンジンが始動します

ライトスイッチ
ヘッドライトのオン・オフを切り替えます

運転装置の名称 AT

車両右側

シート
ライダーが座る場所です。二人乗りもできます

ウインドシールド（風防）
走行中の風や雨・音などを防ぎ、快適な走行を実現します

バックレスト
腰を押し付けて体を安定させます

フロントサスペンション
車体を支え、前輪からの衝撃を吸収する緩衝装置です

マフラー
排出ガスを浄化して、排気音をおさえる消音装置です

リアタイヤ
エンジン出力をベルトで受けて、車体を前進させます

エンジン
混合気を燃やす装置。水冷単気筒で排気量は400cc

フロントタイヤ
ゴムと空気で車体を支える直径14インチのタイヤです

車両左側

コンパートメント
ロックの付いた、容量およそ10リットルの小物入れです
テールライト
自車の存在や制動を示し、ナンバープレートを照らします
計器類
複数の計器類が一体化したコンビネーションメーター
スタンドグリップ
グラブバーとも呼ばれ、後席の乗員がつかむ取っ手です
SUZUKI
SKYWAVE TYPE S
32
無段階変速装置
自動的に車の速度や力を変える装置です。MT車のトランスミッションに相当
フロントブレーキ
油圧でディスクローターを挟んで速度を調整します
サイドスタンド
停車中に車両を自立させるスタンドです
リアタイヤ
後ろタイヤは、150/70-13インチのチューブレスタイヤです

車両正面

バックミラー
車体の左右後方を映します
フロントブレーキレバー
レバーを握ると前輪のブレーキが作動します
リアブレーキレバー
レバーを握ると、後輪のブレーキが作動します
ヘッドライト
進行方向を照らす前照灯です
フロントカウル
前方からの風や雨の巻き込みを防ぎます
フロントフェンダー
前輪が跳ね上げる泥や雨水など防ぎます

車両後方

テールライト
自車の存在や制動を示します
バンパー
転倒した時に、車体や乗員を保護します
マフラー
排気ガスを浄化し、排気音をおさえる装置です
自動遠心クラッチ
動力を自動で伝えたり切ったりします
センタースタンド
停車中に車両を自立させる装置です
リアフェンダー
後輪が跳ね上げる泥や雨水などを防ぎます

車両上方

給油口
燃料のガソリンを入れる場所です
メインスイッチ
オンにすると電源が入りエンジンが始動可能になります
ブレーキロックレバー
これを引くと、後輪のブレーキがかかった状態でロックされます
ステップボード
ここに足を乗せて運転姿勢を保ちます

1 ハイビーム 60W/ ロービーム 55W のマルチリフレクターのヘッドライト　2 テレスコピック式フロントフォークに 14 インチの大径タイヤを装着し、高い操縦安定性を実現しています　3 広いステップボードは足の位置の自由度があります　4 直径 260mm の大型ブレーキディスクは、確実な制動能力を発揮させます

5 速度計と回転計を中心としたコンビネーションメーターです　6 シートにはウレタンフォームが内蔵されています　7 マフラーの消音部はサイレンサーとも呼ばれ、排出ガスの浄化や消音のためにあります　8 前のコンパートメントには、右奥にバッテリーが収納されています　9 シート下のコンパートメントは約 63 リットルの容量があり、ヘルメットが 2 個収納可能です　10 V ベルトによる無段変速装置と自動遠心クラッチが、変速操作を必要なくしています

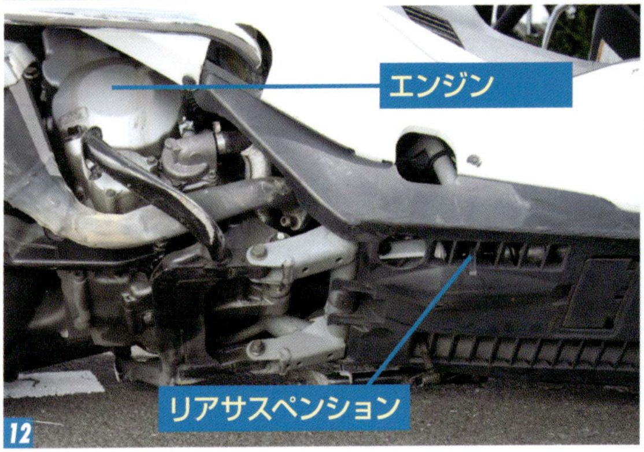

11 ガソリン給油口のカバーを開けたカットです。キャップにはロックが付いています　**12** エンジンは水冷 DOHC4 バルブ、リアサスペンションはリンク式です　**13** リアには直径 210mm のブレーキディスクを装備
14 機種により、リアサスペンションは見えやすい位置にある場合もあります
15 ブレーキをかけると 2 灯あるストップランプが点灯します

計器類

スピードメーター
速度をキロメートル毎時という単位で表示します

タコメーター
1分間のエンジン回転数を表示します

オド／トリップメーター
総走行距離と区間距離をスイッチで切り替えて表示します

時計
現在の時刻を表示します

燃料計
燃料タンクにあるガソリンの量を表示します

水温計
ラジエター内の冷却水の温度を表示します

FI 警告灯
FI(燃料噴射装置) に異常がある時に点灯します

オイル交換インジケーター
エンジンオイルの交換時期を知らせるランプです

ブレーキロックインジケーター
パーキングブレーキがロックされている時に点灯します

ウインカーインジケーター
左右のウインカー使用中に点滅します

ハイビームインジケーター
ヘッドライトがハイビーム（上向き）の時に点灯します

ハンドル周り

ディマースイッチ
ヘッドライトの光軸を、上下に切り替えるスイッチです

ウインカースイッチ
左右のウインカーを作動させる時に使うスイッチです

ホーンスイッチ
ホーン（警笛）を鳴らす時に使うスイッチです

エンジンストップ (キル) スイッチ
非常用のエンジン停止スイッチ。上に切り替えるとエンジンは停止します

スタータスイッチ
押すとセルモーターが回り、エンジンが始動します

ハザードスイッチ
前後左右のウインカーが同時に点灯します

コラム1　マニュアル操作の魅力

もっと上手に走りたい、もっとスムーズに走りたい。
MT には自分でイメージした通りの走りができた時の喜びがあります。

新東京自動車教習所の二輪指導員の中でも一目をおかれる運転技術を持ち、さわやかな容姿とわかりやすい指導で教習生にも人気のインストラクター

クラッチやギアを適切に操作する事によって、オートバイの本来持っている性能を充分に引き出して走行をする事が MT 車では可能です。マニュアルのミッション車を自分でコントロールして走行する事が、MT 車を運転する大きな醍醐味です。

オートバイはエンジンで車体を前に動かす力を作り出し、それをチェーン（ベルトやシャフトドライブの車両もあります）で後輪に伝えて走行をします。そのエンジンとチェーンの間にあるのがトランスミッション(変速機)です。MT はマニュアル・トランスミッション、AT はオートマチック・トランスミッションの略称です。

このトランスミッションは複数のギアが組み合わさっていて、ギアチェンジによりこの組み合わせを変えて速度を調整します。そして、エンジンの動力をトランスミッションに伝えたり切ったりする装置がクラッチです。AT 車ではクラッチとギアチェンジの操作を自動で行ないますが、MT 車ではこれらをライダー自身が操作します。ここが MT 車の難しいところであり、面白いところでもあります。

クラッチを繋いでスタートする時やギアチェンジする時など、速度以外にエンジン回転にも気を配る必要があります。

こう言うといつもタコメーターをにらみ、頭で難しく考えながら運転しなくてはいけないように聞こえるかもしれませんが、練習を積むにつれて体が自然と覚えていくので大丈夫です。運転操作に慣れてくると、その時の速度や状況に合わせたギアの選択が、自然とできるようになります。そのギアを意識的に選択することでスポーティーな走行をしたり、静かでゆったりと走行する事も可能になります。

MT 車を運転していて自分でイメージした通りの走りができた時の喜びは他の事では得がたい大きなものがあります。自分の中での課題がクリアされると、「もっと上手に走りたい」「もっとスムーズに走りたい」「大型自動二輪に乗れるように上達したい」などのさらに次の課題が見えてきます。

そういった欲求がどんどんと沸いてきますが、MT のオートバイはそれに応えてくれる乗り物だと思います。

LESSON 02

DVDに収録

基本走行

交差点やカーブなどの異なる道路環境で、交通法規に従ったスムーズかつメリハリのある基本的な走行技術を紹介していきます。

発進から停止までの手順

DVDに収録 MT AT

乗車してエンジンを始動させ走り出し、そして所定の位置に停止、最後にエンジンを停めて車体から降りるまでの手順を紹介します。

1 乗車と発進のしかた

➡71ページ

乗車してエンジンを始動させ、走り出すまでの手順です。乗車前の安全確認の方法やバックミラーの調整、乗車のしかた、エンジン始動から発進までを詳しく紹介します

先輩からのとくとく一言!

普段の教習や検定で減点を受けやすいポイントです。確実に手順を覚えましょう。

2 停止と降車のしかた

➡76ページ

速度を落として路肩へ停車するまでの手順です。的確な減速のしかたや停止する時の安全確認の方法、足の付き方から降車までを詳しく紹介します

LESSON-02

DVDに収録 1

乗車と発進のしかた

MT

車両に触れている時は、前後どちらかのブレーキをかけていることと、エンジン始動前に必ずバックミラーの位置調節することがコツです。

停めてある車体の左側（歩道側）に立ち周囲の安全を確認します

前後の車両や歩行者に、充分な注意をはらいましょう

ハンドルを握ると同時に前輪ブレーキをかけて、車両が不意に動き出すことを防止します

駐車のため左に切ってあるハンドルをまっすぐにします

サイドスタンドを戻すため、車体をゆっくりと起こして路面と垂直に立てます

減点基準

□ 5点減点　ミラーの位置調節をしないとき。サイドスタンドを戻し忘れたとき　□ 10点減点　発進するときに、車体後方の安全確認をしないとき　□ 検定中止　明らかな技量未熟のため、おおむね1分を過ぎても発進出来ない場合

乗車する前に、周囲の安全を確認します。後方はバックミラーで見るのではなく、必ず目視で確認します

前輪ブレーキレバーを握ったまま、膝を曲げてシートの上を右足が通過するイメージで素早くまたぎます

車体をまたぐと同時に、右足をステップバーに乗せて後輪のブレーキペダルを踏みます。左足はしっかりと路面を踏み、車体を安定させます

バックミラーの調整をします。目視では合っているように感じても、必ずミラーを手で触って位置を確認します

ミラーに触れると汚れで視界が悪くなるので、調整はミラーの縁を持って動かします

ONE POINT ワンポイント

下半分に路面が見えていて、端に体の一部が少し見えている位置に調整します

イグニッションスイッチを ON にし、スタータースイッチを押してエンジンを始動します

変速で足を踏み替えるため、右側を振り向いて後方の安全を確認します

クラッチレバーを奥までしっかりと握り、クラッチを完全に切った状態にします。左足でチェンジペダルを下に踏み込み、ギアをニュートラルからローに入れます

ウインカーを点滅させて発進の合図をし、まわりの安全を確かめます。バックミラーで後方を見て、さらに右後ろのミラーの死角を必ず目視で確認します

クラッチを徐々につないで（半クラッチ）、アクセルをゆっくりと開けながら発進します

乗車と発進のしかた

AT

AT 車両での乗車と発進のしかたの手順です。基本は MT 車両と変わりませんが、乗降の際に足は前を通す（ステップスルー）ことがポイントです。

停めてある車体の左側（歩道側）に立ち、周囲の安全を確認します

まだエンジンはかかっていませんが、ハンドルを握ると同時に前輪ブレーキをかけて、車両が不意に動き出すことを防止します

スタンドを外し、まわりや後方の安全を確認し車両に乗り込みます

AT車の場合、右足は前側を通して車両にまたがります

減点基準

□ 5 点減点　ミラーの位置調節をしないとき。サイドスタンドを戻し忘れたとき　□ 10 点減点　発進するときに、車体後方の安全確認をしないとき　□検定中止　明らかな技量未熟のため、おおむね1分を過ぎても発進出来ない場合

バックミラーの調整をします。目視では合っているように感じても、必ずミラーを手で触って位置を確認します

ミラーに触れると汚れで視界が悪くなるので、調整はミラーの縁を持って動かします

下半分に路面、端に体の一部が少し見えている位置にバックミラーを調整します

イグニッションスイッチを ON にし、スタータースイッチを押してエンジンを始動し、パーキングブレーキを解除します

ウインカーを点滅させて発進の合図をし、まわりの安全を目視とミラーで確かめます

前後のブレーキレバーを放し、アクセルをゆっくりと開けて発進します

LESSON-02

DVDに収録 2

停止と降車のしかた

MT

停車と降車のしかたの手順を紹介します。減速のしかたや停車までの安全確認の方法、停車後の車両の取り扱いまでをしっかりと身につけましょう。

減速のためにアクセルを完全に戻します。エンジンブレーキを有効に使うために、クラッチを繋いだままアクセルを戻します。左のウインカーを点けて進路変更をして路肩によせます

タイヤが滑らないように、前後のブレーキを同時に複数回に分けて（ポンピングブレーキ）かけます

車体が前に進むので、足を前方に出すように接地させます。適正な位置に足をついて、車両を支え転倒を防止しましょう。車両から離し過ぎないよう足を下ろします

車体が完全に停止して左足で安定して支えたら、振り向いて後方の安全を確認します

減点基準

□ 5点減点　発進、または停止時にブレーキペダル側の足で車体を支えた場合　□ 10点減点　ふらついたとき。バランスのくずれをたて直すため、足で接地したとき　□ 検定中止　車体を倒したとき

足を入れ替えて右足で車体を支え、左足でギアをニュートラルにします。この時もフロントブレーキはかけたままです

再び足を入れ替えて後輪ブレーキペダルを踏みます。イグニッションスイッチをオフにしてエンジンを停止させます

後方を確認して車体から下りる準備をします。この時も前後のブレーキがしっかりとかかっている状態です

フロントブレーキレバーを握ったまま、バランスを崩さないように、慎重に車体から下ります

ハンドルの向きは真っすぐに保ったまま、サイドスタンドを出し車体を傾けて車体を立たせます

サイドスタンドがかかったらハンドルを左に切って、車体を安定させます。最後までフロントブレーキレバーを握っている指導員の動作に注目してください

停止と降車のしかた

AT

速度を落として路肩へ停車するまでの手順です。的確な減速のしかたや停止する時の安全確認の方法、足の付き方から降車までを詳しく紹介します。

1

ＭＴ車と同様に安全に停止し、イグニッションスイッチをオフにしてエンジンを停止します。この時フロントブレーキレバーから手を放すので、左手でリアブレーキレバーを握っています

2

後方を確認して車体から下りる準備をします。フロントブレーキレバーは握っています

3

フロントブレーキレバーを握ったまま、バランスを崩さないように慎重に車体から下ります。ＡＴ車の場合、右足は前側を通して車両から降ります

4

サイドスタンドを出し、車体を傾けて車体を立たせます。サイドスタンドがかかったら、ハンドルを左に切り車体を安定させます

減点基準

□5点減点　発進、または停止時にブレーキペダル側の足で車体を支えた場合　□10点減点　ふらついたとき。バランスのくずれをたて直すため、足で接地したとき　□検定中止　車体を倒したとき

停止時の足のつき方

MT　AT

停車時に正しく足を着かないと転倒やケガの原因にもなるので、コツを覚えて、無理のない体勢で足を車体を支えるようにします。

横から見たカット

停止するため、前後のブレーキを同時に複数回に分けてかけて減速します

速度が落ちてきて停止する直前になったら、大げさに見えるくらい前方向に足を踏み出すのがコツです

靴底の全体を接地させます。車体をしっかりと支えるために、つま先やかかとだけではなく、靴底の全体が接地をする位置に足を付きます

Bad!
悪い例

足を着く位置が後ろ過ぎるとかかとが上がり、車両を支える力が弱くなります

実際の足の動き

タイヤが滑らないように、前後のブレーキを、同時に複数回に分けてかけます

前へふり出した左足を、かかとから下ろします。足を付く目安は、肩よりも前です

前から見たカット

走行中の基本ポジションです

停止する直前になったら、大げさに前方向に足を踏み出すのがコツです。前へふり出すようにして、左足を出します

足の裏をしっかりと路面に接地させて、車体を垂直に支えています

Bad! 悪い例

足を遠くに着くと、つま先立ちになり車両が傾きがちです。傾きが大きいと支えきれなくなります

ONE POINT ワンポイント

AT 車の場合、転倒時に車体のカバーで足をはさむことがあります。足を着く位置は重要です

前へふり出した左足を、かかとから下ろします。適正な位置に足を着いて車両を支えます

靴底全体が接地していると安定するので、体格に応じて位置を変えても構いません

速度の調節

DVDに収録　MT　AT

エンジン音や振動・速度計などから判断して、ギアチェンジやアクセル、そしてブレーキなどを適切に使って状況に合った速度に調節します。

1 加速チェンジの方法

➡82ページ

速度を上げる時に加速チェンジをします。低速ギアから高速ギアへ、タイミング良くひとつずつ変速します。短い距離でスムーズに加速できる事を目標にします

先輩からのとくとく一言!

どのギアからでもスムーズに変速でき、適切な速度調整ができるように練習しましょう。

2 減速チェンジの方法

➡84ページ

速度を下げる時や上り坂など、力が必要な時に減速チェンジをします。一段ずつ順番にギアを下げます。ギアを下げることで発生するエンジンブレーキに注意しましょう

3 カーブの通過

➡86ページ

カーブの手前までに充分な減速をするのがポイントです。カーブの途中では、少しアクセルを開けた状態で車体を傾けて走行し、出口付近から車体を立て直して脱出します

LESSON-02

DVDに収録 1

加速チェンジの方法

MT

速度を上げる時に加速チェンジをします。低速ギアから高速ギアへ、タイミング良くひとつずつ変速します。短い距離でスムーズに加速できる事を目標にします。

ウインカーを点滅させて発進の合図をし、まわりの安全を確かめます。バックミラーで後方を見て、さらに右後ろに顔を振り返り目視で確認します

先輩からのとくとく一言!

安全のために、変速操作後は手や足を元の位置に戻して、正しい姿勢で走行します。

スピードを上げるにはアクセルを開けるのが基本です。しかしローギアは時速 20km/h くらいまでしか出ないのでギアを上げていきます

およそ時速 20km/h 以上のスピードを出すときは一段高いギアに変速します。まずはアクセルを戻します

減点基準

□5点減点　ギアの変速操作不良が原因で、ノッキングが連続3回以上おきたとき　□10点減点　変速チェンジが不適切なまま走行を続けようとするため、通常のアクセル加速がつかないとき、もしくは指示速度よりおおむね時速 5km/h 以上遅い速度で走行した場合

4本の指で、グリップに付くまでクラッチレバーを握ります。クラッチを切っている間は車体が不安定になります

左足のつま先をチェンジペダルの下に潜りこませ、ペダルを上げて一段だけ高速ギアに変えます

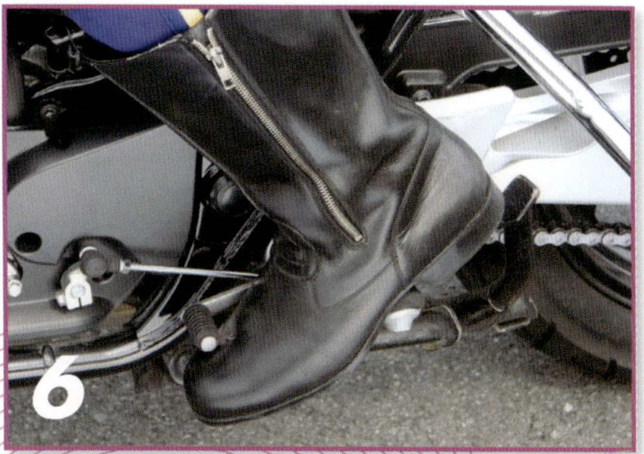

チェンジペダルの下につま先を潜りこませて上げます。ギアチェンジが終わったらペダルの上につま先を戻します

変速が終わったらクラッチを繋ぎ、アクセルを開けて加速します。クラッチは一気に繋がないで丁寧に繋ぎます

アクセルを再び開けて加速をしていきます。アクセルは急激に大きく開けないで、丁寧な操作を行ないましょう

ギアチェンジの操作が終わったらクラッチレバーには手を触れないようにします

LESSON-02

DVDに収録 2

減速チェンジの方法

MT

速度を下げる時や上り坂など、力が必要な時に減速チェンジをします。一段ずつ順番にギアを下げます。ギアを下げることで発生するエンジンブレーキに注意しましょう。

減速のためにアクセルを完全に戻します。エンジンブレーキを有効に使うために、クラッチを繋いだままアクセルを戻します。タイヤが滑らないように前後のブレーキを同時に複数回に分けてかけ減速します

クラッチを繋いだまま、アクセルを戻します。それによりエンジンブレーキを使って減速することができます

前輪と後輪のブレーキを同時にかけます。複数回に分けて行なうポンピングブレーキを利用すると、安定して減速できます

リアブレーキは一気に踏み込むとロックして車体が不安定になります。丁寧にじわっと踏み込むのがコツです

ブレーキにより充分に減速ができてから、ギアチェンジの操作を行ないます。最初にクラッチを切ります

減点基準

□5点減点　ギアの変速操作不良で、車体ノックが連続3回以上おきたとき　□10点減点　道路および交通の状況に適した安全速度よりおおむね時速5km未満速い場合。ふらついたとき。足先の向きまたはステップバー等への足のかけ方が常時不適切なとき

速度に合わせるため、左足でチェンジペダルを踏んでギアを下げます

土踏まずをステップに乗せたまま、親指の付け根あたりでチェンジペダルを踏み下げます

ギアチェンジが終わったらクラッチを繋ぎます。一気に繋がないでレバーをゆっくりと戻します

先輩からのとくとく一言!

急激なエンジンブレーキがかからないように、必ず一段ずつギアを下げましょう。

減速によるエンジンブレーキやノッキングは、車体を不安定にします。丁寧にアクセルを開けて速度を調整します

クラッチを完全に繋いだら、誤操作を防ぐためにクラッチレバーから指を放して、正しい運転姿勢を保ちましょう

LESSON-02

DVDに収録 3

カーブの通過

MT

カーブの手前までに充分な減速をします。カーブの途中では少しアクセルを開けた状態で車体と体を傾けて走行し、出口付近から車体を真っすぐに立て直して加速して脱出します。

02

1 カーブ中にブレーキ操作をしないように、直線部分で充分に減速をします

先輩からのとくとく一言!

バイクは視線の方向に車体は進むので、顔を上げてカーブの先の進行方向に目を向けます。

5 出口付近から車体を起こして、除々にアクセルを開けて加速します

3 カーブに進入したら車体をバンクさせ、バランスをとりながら通過します

2 減速をしてから、アクセルを一定にしてカーブに進入します

4 カーブの大きさや通過する速度によって、バンク（傾け）させる角度は異なります

減点基準

□5点減点　直線路またはカーブで車両通行帯から車体の一部がはみ出したまま通行をした場合　□10点減点　道路および交通の状況に適した安全速度よりおおむね時速5km未満速い場合　□20点減点　カーブ手前の直線部分での制動時機が遅れブレーキをかけながらカーブに入った場合、またはカーブに入ってからブレーキをかけた場合。カーブで正常な走行軌跡から外れて走行したとき

カーブの内側から見たカット

1

カーブ中にブレーキ操作をする必要のないように、直線で充分に減速します。ブレーキで減速してからギアを落とします

2

減速したら、アクセルを一定にして速度を保ちカーブに進入します。カーブの先の進行方向に視線を向けます

3

カーブに進入したら車体を内側にバンクさせ（傾け）バランスをとりながら、一定の速度を保って通過します

4

カーブの大きさや通過する速度によって、バンクさせる角度は異なります。適切なバンク角がとれるようにします

ONE POINT ワンポイント

直線部分での減速はポンピングブレーキで行ないます。これにより急激な減速による車体姿勢の崩れを防ぎ、さらにストップランプが点滅することによる後続車への注意が期待できます

Bad!
悪い例

カーブを走行中に頭が下を向いています。バイクは視線の方向に進むので、顔を上げてカーブの先を見ます。ニーグリップをしっかりして、バランスをとりましょう

カーブの外側から見たカット

車体が直線部分にあるうちに、ポンピングブレーキでしっかりと減速します

カーブへ進入する前に全体を見渡して状況を判断し、そのまま視線を出口方向へ向けます

車体を傾けますが、頭は路面と垂直に保って傾きを把握します
ひじを張り過ぎないように、自然な乗車姿勢を保ちます
カーブの途中ではブレーキをかけないようにしましょう
顔を上げてカーブの先の進行方向を見ます
ニーグリップをして、車体と身体をひとつにします

カーブは人車一体のリーンウィズで通過します

車体を安定させるため、カーブの途中では少しアクセルを開けて一定に保った状態（加速はしない）で走行します

出口付近から車体を真っすぐに立て直し、徐々にアクセルを開け加速していきます

後方から見たカット

ポンピングブレーキは必須です。ブレーキをかけながらカーブに入った場合は 20 点減点です

カーブに入ってからブレーキをかけた場合も 20 点減点です

一定の速度を保ちながら、必ず人車一体のリーンウィズでカーブを通過します

先輩からのとくとく一言!

カーブの大きさや通過する速度によって、バンクさせる角度は異なります。

カーブ出口での加速は、車体が起きてからアクセルを開けます

カーブの通過

AT

カーブの手前までに充分な減速をするのがポイントです。カーブの途中では少しアクセルを開けた状態で車体を傾けて走行し、出口付近から車体を起こして加速します。

右カーブ

ＡＴ車でもカーブの通過はＭＴ車と同様です。直線部分で充分に減速をして、適切な速度にします。前後のブレーキを使い減速します

減速が完了したら、アクセルを一定にして速度を保ちカーブに進入します。カーブの先の進行方向に視線を送ります

カーブに進入したら車体を内側にバンクさせ（傾け）バランスをとりながら、一定の速度で走行します

カーブの大きさや通過する速度によってバンクさせる角度は異なります。適切なバンク角がとれるようにします

減点基準

□ 20 点減点　カーブ手前の直線部分での制動時機が遅れてブレーキをかけながらカーブに入った場合、またはカーブに入ってからブレーキをかけた場合。カーブで正常な走行軌跡から外れて走行したとき

左カーブ

カーブ中にブレーキ操作をする必要のないように、直線部分で充分に減速をして適切な速度にします

減速したら、アクセルを一定にして速度を保ち、カーブに進入します。視線はカーブの先に向けます

カーブに進入したら車体を内側にバンクさせ（傾け）、バランスをとりながら一定の速度を保ち通過します

ブレーキをかけながらカーブに入った場合、またはカーブに入ってからブレーキをかけた場合は 20 点減点です

車体を安定させるため、カーブの途中では少しアクセルを開けて一定に保った状態（加速はしない）で走行します

出口付近から車体を真っすぐに立て直して、徐々にアクセルを開け加速します

進路変更のしかた

DVDに収録　MT　AT

発進や追い越し、そして駐車車両や道路工事などの障害物をさける時など、
進路を変更することで安全な進路や速度を選ぶことができます。

02

1
ミラーで後方の安全を確認し、進路を変える3秒前に合図を出します

3
安全な側方間隔（駐車車両の場合1m以上）を保ちながら通過します

先輩からのとくとく一言!

他の交通を妨げるおそれがある場合、道路の右側部分へはみ出さないようにすること。

2
もう一度ミラーと目視で安全を確かめて進路変更をします

4
元の走行車線へ戻るために合図を出し、後方をミラーと目視で安全確認をします

5
3秒後に元の車線に戻り、進路変更が終わったら合図を消します

減点基準

□5点減点　進路変更の合図をしない場合　□20点減点　移動物（走行中の自転車など）、または可動物（駐車車両など）と、1メートル以上の間隔を保たないとき。不動物（道路規制など）と、0.5メートル以上の間隔を保たないとき　□検定中止　他の交通を妨げるおそれがある場合に、道路の右側部分にはみ出したとき

先輩からのとくとく一言!

駐車車両の横を通るとき、車両の陰から歩行者が出てこないかということにも注意します。

ミラーには死角があるので必ず目視で確認します

ウインカーを点けて約３秒後、周囲の安全が確認できたら、車体を少し右に傾け進路変更をします

あらかじめ充分な側方間隔をとって通過します

ここでも必ずミラーと目視で安全確認します

進路変更をして元の車線に戻ります

ONE POINT ワンポイント

駐車車両では、車内のドライバーを確認します。ドライバーがいれば、ドアの開く確率は高くなります

もし可能ならば、車体の下から反対側を見て人がいないかを確認します

ドアが開いてもぶつからない距離が必要です

携帯電話の操作をしていると周囲の状況に気づきません

後続車がいるケース

駐車車両の横を通過しようとする際に、後方から別の車両が走って来る場合もあります。その場合は距離から判断して、距離が充分あれば自車を先に進路変更させて通過し、距離が短い時は停止して後方から来る車両を先に通過させます

対向車がいるケース

前方から車両が来た場合、距離が充分あれば先に進路変更して通過します

対向車を先行させる場合は一時停止をして待ちます

対向車通過後、安全確認をして合図を出してから進路変更を行ないます

ウインカーをつけて後方をミラーで確認し、目視で側方の死角を見ます

先輩からのとくとく一言!

ここで例に挙げた右側の後続車、または対向車の交通を妨げた場合は検定中止となります。

交差点の通行

DVDに収録 MT AT

交差点の手前で信号や標識などをすみやかに読み取り、進みたい方向へ通行できるか判断をします。

1 直進➡97ページ

交差する道路の車や歩行者、交差点内の対向車などの動きに注意をはらい、信号や標識を正確に判断して“いつでもブレーキがかけられる”ようにして進みます

2 右折➡99ページ

進路変更をして、できるだけ道路の中央に寄ります。交差点内の菱形の分離帯を踏まないように、その内側を徐行で進みます

先輩からのとくとく一言!

交差点はもっとも事故の多いポイントです。いつでも停止できる速度（徐行）で通過します。

3 左折 ➡102ページ

左折する時は、できるだけ道路の左端に寄せ、交差点の側端（縁石）に沿って徐行で通過します。速度が速すぎると、沿えずにふくらんでしまいます

LESSON-02

DVDに収録

1

直 進

MT AT

交差点内の車や歩行者、特に対向車の動きに注意をはらいます。たとえ信号が青であっても対向する右折車には注意をしましょう。

先輩からのとくとく一言!

黄信号になる前に交差点を通行しようとして、交差点の手前から速度を上げないようにしましょう。

1 エンジンブレーキを使って速度を落とし、同時に周囲の状況を判断します

2 いつでもブレーキがかけられるように、周りの安全を確かめながら進みます

3 前方の道路状況を確認しながら状況にあったスピードで進みます

減点基準

□5点減点　右折または左折の前に合図をしない場合。右左折が終わっても合図をやめないとき　□20点減点　交差点の状況に応じて出来る限り安全な速度と方法で進行しないとき。黄信号になる前に交差点を通行しようとして、交差点の手前から速度を増したとき。黄色の信号で交差点内へ進入したとき。交差点内で徐行をしない場合

交差点の直進で起きやすい事故の２パターン

右直事故のケース

二輪車は小さいのでまだ遠くにいると感じたり、実際の速度よりも遅く錯覚して右折をしてくる対向車があります。

四輪車から見ると二輪車は小さく錯覚されやすいので、対向右折車には充分に注意をしましょう

対向車のドライバーから見ると二輪車は小さく見え、遠くにいるように錯覚をしてしまいます。速度も低く見えます

巻き込まれ事故のケース

四輪車は内輪差や死角が大きいので二輪車を見落としがちです。特に大型のトラックには注意をします。

交差点でよくある、四輪車による“巻き込まれ”事故のケースを紹介します

信号は青です。四輪車に続いて交差点に近づきます

交差点の手前で、四輪車が車道の右側から急にかぶさるように左折してきました。二輪車は急ブレーキで止まりました

四輪車は内輪差も大きいので、後輪が前輪よりもかなり内側を通過します

LESSON-02

DVDに収録

2

右　折

MT　AT

交差点を右折する時は、対向直進車や横断歩道の歩行者に注意をします。信号の変わり目には、かけこみ横断をする歩行者もあるので注意をしましょう。

先輩からのとくとく一言!

対向してくる直進車の速度や距離から判断して、邪魔しないと判断したら右折します。

1　進路変更をし、できるだけ道路の中央に寄って右折の合図をします

2　交差点中央の菱形の分離帯を踏まないように、内側を徐行で進みます

3　横断歩道の歩行者に充分注意しながら、いつでも停止できる速度で進みます

4　前方の道路状況や駐車車両など確認して、交差点から出ます

減点基準

- □ 5 点減点　右折または左折の前に合図をしない場合。右左折が終わっても合図をやめないとき
- □ 10 点減点　道路および交通の状況に適した安全速度よりおおむね時速 5km 未満速い場合
- □ 20 点減点　黄色の信号で交差点内へ進入したとき。右折または左折するとき徐行しない場合

進路変更をして道路の中央に寄り、交差点の 30m 手前で右折の合図を出して減速し、交差点内を徐行で右折します

交差点で右折する時は徐行です。進行方向の横断歩道に顔を向けて、目視で周辺の歩行者の動きを確認します

右折時の巻き込み車両がないか、車体右側の死角を目視で確認します

横断歩道の歩行者や自転車を見落とさないようにします

ONE POINT ワンポイント

交差点中央にある菱形の分離帯をタイヤが踏まないように、その内側を徐行で通過します

先輩からのとくとく一言!

信号の変わり目に、横断歩道を急いで通過しようとする歩行者がいるので注意しましょう。

交差点の右折で起きやすい事故の４パターン

黄信号に変わった時

黄信号に変わった時は停止位置で停止します。“注意して進め”や“急いで進め”などという意味ではありません

歩行者に気がつかない

この写真のように、進行方向と同じ向きに動く歩行者や自転車は、対向してくる場合に比べてライダーの死角に入って見えにくいです

先輩からのとくとく一言!

停止すると急ブレーキや追突等の危険が予測される場合に限り、黄信号を通過できます。

サンキュー事故

対向車のかげから直進車が出てくる

対向する直進車がパッシングなど合図をして先に道を譲ってくれる場合、いわゆる“サンキュー事故”のケースです。急いで右折しようとして歩行者と接触したり、右折車両のかげから直進車（二輪車のすり抜けなど）が出てくるケースがあります

LESSON-02

DVDに収録 3

左折

MT AT

交差点を左折する際は、四輪車による巻き込まれ事故、自転車などの巻き込み事故、さらに横断歩行者に注意をしながら安全確認し、交差点内は徐行で通過します。

02

1 周りの安全を確かめて合図を出し、できるだけ道路の左端に寄ります

2 再度左後方を目視で安全確認をし、巻き込み事故を防ぎます

3 交差点の側端に沿って徐行で通過します。横断歩道の歩行者に注意します

4 左折先の道路に渋滞や障害物（駐車車両など）がないか確認して進みます

先輩からのとくとく一言!

交差点への進入速度が速すぎると、左折時に側端に沿えずふくらんでしまいます。

減点基準

- □ 5点減点　右折または左折の前に合図をしない場合。右左折が終わっても合図をやめないとき
- □ 10点減点　道路および交通の状況に適した安全速度よりおおむね時速5km未満速い場合
- □ 20点減点　黄色の信号で交差点内へ進入したとき。右折または左折するとき徐行しない場合

交差点に近づいたら信号や標識・標示などを確かめて左折可能か判断します。まわり（特に左後方）の安全を確かめて、道路の左端へ進路変更します

交差点の 30m 手前から、右折の合図を出します。左側のミラーと目視で安全を確認します

交差点内は視野を広くとり、縁石に沿っていつでも止まれる速度（徐行）で通過します

先輩からのとくとく一言!

対向車が右折待ちをしているときは、運転者の表情や動きに注意して見ましょう。

交差点の先へ広く視野をとり、駐車車両などの障害物にも注意をして進みます。発見が遅れると急な進路変更になります

交差点の左折で起きやすい事故の２パターン

ONE POINT ワンポイント

左折する時は、できるだけ道路の左端に寄せ、交差点の側端（縁石）に沿って徐行で通過します

歩行者に気がつかない

横断歩道を歩行者が通過している場合は、横断歩道の手前で停止をします。歩行者が横断歩道を完全に通過し終わってから進みます

先輩からのとくとく一言!

交差点内は徐行です。いつでも止まれる速度で、視野を広くとり注意して通過しましょう。

先行車に巻き込まれる

左折でも直進と同じように、四輪車による“巻き込まれ事故”に注意しましょう。

四輪車に続いて交差点に近づきます。交差点の手前で、四輪車が車道の右側から急にかぶさるように左折してきました。二輪車は急ブレーキで止まりました。交差点以外でも、休日のファミリーレストランやコンビニの入口付近でも起こるケースです

見通しの悪い交差点の通行など

DVDに収録　MT　AT

道路を通行するにあたって、信号以外の方法で交差する道路を通行するケースがあります。それぞれを安全な方法で通過できるようにします。

1 見通しの悪い交差点からの発進

➡106ページ

樹木や家屋などにさえぎられて見通しの悪い交差点では、一時停止をして体を前に倒してのぞき込むように視界を確保するのがポイントです

先輩からのとくとく一言!

すべての場面で発進の操作をしますが、ふらつくことがないようしっかり練習しましょう。

2 一時停止からの発進

➡110ページ

一時停止の標識があるところでは、停止線の手前で一時停止し、目視で左右の安全を確認してから発進します

3 踏切の通過

➡113ページ

踏切を通過する際は必ず停止線で一時停止し、左右を目視で確認して警音機の音にも耳を傾けます。踏切内はギアチェンジをせず、ローギアのままで通過します

LESSON-02

DVDに収録

1 見通しの悪い交差点からの発進

MT AT

樹木や家屋などにさえぎられて見通しの悪い交差点では、一時停止をして体を前に倒してのぞき込むように視界を確保するのがポイントです。

02

右折

1 手前から充分に減速をして、交差点に接近していきます

2 体を前に倒して、のぞき込むように安全確認をします

3 交差点中央にある分離帯を踏まないように、内側を徐行で通過します

先輩からのとくとく一言!

左右の安全確認は、徐行もしくは一時停止して行ないますが、一時停止した方がふらつかず確実です。

減点基準

- □ 5点減点　発進、または停止時にブレーキペダル側の足で車体を支えた場合
- □ 10点減点　操作不良のためふらついたとき
- □ 20点減点　左右の見通しがきかない交差点を通行するときに徐行しない場合

先輩からのとくとく一言!

一時停止しても見通しが悪いときは、見切り発進せずに少し進んでから、2度目の一時停止をして安全を確かめます。

ONE POINT ワンポイント

一時停止では体を前に倒してのぞき込むように安全確認します

徐行で通行するケース

充分に速度を落として徐行で通過する例です

菱形の分離帯をタイヤが踏まないように通過します

後方から見たカット

一時停止をしたら、前傾して車体に乗り出すように顔をなるべく前方に突き出して左右の安全を確認します

安全の確認ができたら右折を開始します。発進時にふらつかないように、車体を真っすぐ立てた状態からスタートします

左 折

一時停止をしたら車体に乗り出すようにし、体を前に倒して顔を前方に突き出し、左右の安全確認をします

このケースでは、特に左側に樹木が接近しているので見通しが悪く、安全が確認できませんでした

再び徐行で前進をします。2回目の前進でも交差点に死角があれば、何度でも確認しながら前進します

交差点の先の障害物を確認してから、車体をできるだけ道路の左端に寄せ、交差点の側端に沿って徐行で通過します

後方から見たカット

のぞき込んでも視界がさえぎられるような場合は、さらに徐行して一旦停止し、再び体を乗り出して目視確認をします

左折する時はできるだけ道路の左端に寄せ、交差点の側端に沿って徐行で通過します

見通しの悪い交差点から四輪車が出てくる場合

四輪車ではボンネットが道路に出ていても、ドライバーからはまだ左右の安全が確認できていません

この位置まで来て、ようやくドライバーは左右の視界を確保できるようになります

1
見通しの悪い交差点から四輪車が出てくることに気がつきました

2
ドライバーと目を合わせてお互いの意思を確認できたら進路変更をします

3
左ウインカーを出して目視確認をし、スムーズに元の車線に戻ります

4
進行方向に障害物のないことを確認してから加速します

進路変更する場合、四輪車は想像以上に道路へ出てくる事を考慮する必要があります

LESSON-02
DVDに収録
2

一時停止からの発進

MT AT

一時停止の標識のある道路では、交差する道路側に優先権があります。停止線の直前で停止し、目視で左右の安全を確認してから発進します。

直 進

1

一時停止の標識のある道路では、停止線の手前で一時停止をします

2

交差する道路の、車の通行を妨害しないよう通過します

1

必ず左右を振り返り、目視で安全を確認します

2

車体を真っすぐに保ち、ふらつかないように発進します

減点基準

□5点減点　発進を手間取った場合。車体がノッキングを起こした場合　□10点減点　操作不良のためふらついたとき　□20点減点　優先道路に入ろうとするとき徐行または徐行しようとしないとき　□検定中止　一時停止の指定場所で停止線の手前で停止しない場合

左折

3
前方の状況を確認しながら、道路状況にあった速度にします

先輩からのとくとく一言!

一時停止の標識のある交差点では停止線の直前で停止し、交差する優先道路の車の通行を妨害しないように注意します。

2
交差点の側端（縁石）に沿って徐行で通過します

1
一時停止の標識のある交差点では、停止線の直前で確実に停止します

進路変更をして停止線の左端に車体をよせて止め、左折の合図を出します

交差点の側端に沿うように徐行して通過します

右折

先輩からのとくとく一言!

左右を必ず目視で確認して、交差する優先道路の車の通行を妨害しないようにします。

1 周囲の安全を確認して進路変更をし、道路の右側へ寄り一時停止します

2 交差する道路の車の通行を妨げないように、徐行で右折します

3 視野を広くとり、前方の道路状況を確認してから加速します

まわりの安全を確かめて進路変更して右側へ寄り、停止線の前で止まります

左右の安全を確認してから発進します。交差する道路の車の通行を妨害しないように注意します

LESSON-02

DVDに収録

3

踏切の通過

MT AT

踏切を通過する際は必ず停止線の直前で停止し、左右を目視で確認して警音機の音にも耳を傾けます。踏切内はギアチェンジをせず、ローギアのままで通過します。

1
停止線の手前で必ず一時停止をし、左右の安全確認をします
2
踏切内はギアチェンジをせず、ローギアのままで通過します
3
視野を広くとり、前方の道路状況を確認してから加速します

ONE POINT ワンポイント

先が渋滞していたらスペースを確認してから発進します

エンストをしたら、クラッチを切って押して外に出します

コラム２　オートマチック車の魅力

**アクセルを開けるだけで、通勤からツーリングまで快適に走れる。
AT 車は日常から非日常まで、マルチに使える便利なコミューターです。**

「新東京自動者教習所の指導員は、更なる運転と指導の技術向上を目指し、常にチャレンジを続けています」と櫻澤氏。撮影当時は、指導員の全国競技大会へ向けての練習中でした

普通自動二輪の AT 車といえば、スクータータイプが中心になります。エンストの心配も変速のわずらわしさもないので、気楽に乗れることが最大の魅力ではないでしょうか。MT 車ではチェーンで後輪に力を伝える車両が多いのですが、AT 車ではベルトで後輪を回すので、チェーンを掃除したり、オイルを差したり、張り具合を調整するなどのメンテナンスも不要です。

スクータータイプには前面に大きなスクリーンを装備している車両もあり、走行時にライダーを風圧や雨などから保護して負担を軽減してくれます。カウリングは下半身もカバーしてくれます。特に高速道路の走行時に効果が高く、より遠くまで楽にツーリングを楽しむことができます。

また座り心地を重視して、シートは大きく、そして幅広くゆったりと作られています。通勤や通学、買い物など便利に使うことができます。後部座席も同様にゆったりとしているので、タンデム（二人乗り）走行も快適です。大きなシートの下はトランクスペースになっています。ヘルメット２つ分の大きな容量を持つ車両もあるので、タンデムをした上に更に多くの荷物を積むことも可能です。

普通二輪免許は、取得して一年経てば二人乗り(※) が可能です。最近は親子でタンデムしているライダーもよく見かけます。ゆったりとした車体と大きな排気量のスクーターで、大切な人とタンデムツーリングに行くのも素適な思い出になると思います。

大きなトランクスペースを活かして普段の買い物や通勤、通学に使用したり、充分な排気量と機動性を活かしながらも気楽にツーリングを楽しめたりと、普通二輪の AT 車には日常から非日常までマルチに使える便利な乗り物として大きな魅力があると思います。

普通二輪のスクーターを乗り始めてから、オートバイの魅力に取り付かれ、MT 車や大型二輪車にまでステップアップをしていく方もいます。まずは AT 車に乗ってみて、それをきっかけとして、広いオートバイの世界へ足を踏み入れるのもいい事ではないかと思います。

※ MT 車でも同様ですが、普通二輪免許を取得してから一年間は二人乗りができない期間です。
大切な人を乗せて走るのですから、充分な技量を身に付けバイクに慣れてから行ないましょう。

LESSON

03

DVDに収録

応用走行

急制動やクランクのコース、または一本橋やスラローム走行など、基本走行を基にした総合的な運転である、いわゆる課題走行を紹介します。

車幅感覚

DVDに収録 MT AT

左右をパイロンで規制された直線をできる限り低速で走行することで、速度調節とバランス・車幅の感覚を身につけるための練習です。

MT

➡117ページ

腕や肩の力を抜いてハンドルを握り、顔を上げて視線を出口に向け、ニーグリップをします。ハンドル操作と体重移動でバランスをとり、断続クラッチで低速を保ちます

AT

➡118ページ

コース中央に車体を配置して、ハンドルを真っすぐにして進入することが重要です。アクセルは完全に戻さず、小刻みなハンドル操作と体重移動でバランスを保ちます

MT MT

車幅感覚では視線の方向も重要です。ふらつく時は、顔を上げて目線を出口に向けて少し速度を上げて走るのがコツです

ＭＴ車では、クラッチを細かく断続操作して低速を保ちます。アクセルを完全に戻してしまうと、駆動力が伝わらなくなるので不安定になってしまいます

発進直後にふらつくと修正が難しいので、少しアクセルを開けて車体の安定を優先するのがコツです。そのために出てしまうスピードは、車体が安定してから後輪ブレーキで減速します

ONE POINT ワンポイント

断続クラッチをして低速を保ちます

1

コース中央からハンドルを真っすぐにして進入します

2

車体が傾いたら反対側のステップを踏むと起きます

AT AT

コース中央に車体を配置して、ハンドルを真っすぐにして進入することが重要です

腕や肩の力を抜いてハンドルを握り、視線を出口に向けて小刻みなハンドル操作と体重移動でバランスを保ちます

傾いた車体は、それと反対側のステップボードに体重をかける（踏みしめるイメージ）と起き上がります

ONE POINT ワンポイント

アクセルを完全に戻すと駆動力がなくなり安定が悪くなります。完全には戻さないようにします

速度の調節は主に後輪ブレーキを使います

車幅感覚では視線の方向も重要です。ふらつく時は、顔を上て目線を出口に向けて少し速度を上げて走るのがコツです

直線狭路コース　DVDに収録　MT　AT

幅 30cm で長さ 15m の直線コースを、普通自動二輪では 7 秒以上のタイムで、バランスをとりながら脱輪しないように通過します。

MT ➡120ページ

腕や肩の力を抜いてハンドルを握り、顔を上げて視線を遠くにおきます。ニーグリップを確実にして、小刻みなハンドル操作と体重移動でバランスをとります

先輩からのとくとく一言!

段差に前輪が乗る時にバランスを崩しがちです。アクセルを開け気味にしてスタートしましょう。

AT ➡121ページ

アクセルを完全に戻さずに少しだけ開け、それと同時にリアブレーキをかけて速度を調節します。これにより低速でも車体が安定します

減点基準

□ 5 点減点　7 秒未満で走行した場合（1 秒ごとに 5 点）　□ 10 点減点　ステップバーから足を離したとき。ふらついたとき　□検定中止　コースから脱輪したとき。走行中にエンストもしくは足をついたとき

MT MT

進入口の真ん中にタイヤを配置できれば半分以上は成功、というくらい重要なポイントです

一本橋では足元と遠くを交互に見るように進んでいきます。バランスを崩しそうになったら視線を遠くに向けましょう

ハンドルを小刻みに切って左右のバランスをとります

上体を左右に大きく動かしてバランスをとろうとすると、車体のバランスを崩しやすくなります

クラッチを細かく繋いだり切ったり操作する断続クラッチで、低速を保ちます

速度が出すぎた時は、後輪ブレーキだけを丁寧にかけて調整します

AT

AT

先輩からのとくとく一言!

アクセルを完全に戻さず少しだけ開け、リアブレーキをかけて速度を調節します。

進入口の真ん中にタイヤを配置できれば半分以上は成功、というくらい重要なポイントです

速度が出すぎた時は後輪ブレーキだけを丁寧にかけます。前輪ブレーキは不安定になるので使用しません。ふらつく時は少しだけアクセルを開けて安定させます

目標タイムは、前輪が乗ってから前輪が降りるまで7秒です。タイムが7秒に満たなくても減点ですみますが、脱輪すると検定自体が終了してしまいます

ONE POINT ワンポイント

上体を左右に大きく動かしてバランスをとろうとすると、車体のバランスを崩しやすくなります。左右のバランスはハンドルを小刻みに切って行ないます

もし脱輪したら再び台に乗ろうとはしないでコースから離れます

8の字コース DVDに収録 MT AT

数字の８の形のカーブを連続して走り、アクセル操作とバンク角を一定に保ちながら、人車一体の安定した走行技術を練習します。

MT ➡123ページ

速度とバンク角を一定に保ってカーブを曲がります。バンク中の基本姿勢はリーンウィズです。頭は傾けず、目の位置を路面と水平に保ちます

AT ➡126ページ

顔と体をカーブの内側に向けると、自然に車体はバンクします。バンクをさせると自然にハンドルが切れて曲がっていきます。バンク中はアクセルを少しだけ開けます

MT MT

1 右回り

バンク中の基本姿勢はリーンウィズです。腕や肩の力を抜いてハンドルを握ります

ニーグリップをしてステップに正しく足を乗せます。カーブ中はアクセルを少しだけ開け続けます

進みたい方向の先に視線を向けます。8の字コースでは回転半径が小さく、進路の修正がしにくいので特に重要です

カーブの出口です。目線は切り返し部分、およびその先を見ています。左回りへ転換する準備の姿勢です

2 左回り

左回りも右回りと同じく、速度とバンク角を一定に保ってカーブを曲がります。バンク中の基本姿勢はリーンウィズです

顔と体をカーブの内側に向けると自然に車体はバンクします。バンクをさせると自然にハンドルが切れて曲がっていきます

カーブ中はアクセルを少しだけ開けます。それによりタイヤに駆動力がかかり車体が安定します

カーブの出口では進みたい方向の先に視線を向けます

アクセルを開けると車体は起き上がろうとするので、その瞬間にバイクを起こして反対側にバンクをさせていきます

次のカーブに合わせて視線を右の先へ向けている点に注目。腕や肩の力を抜いて走行しましょう

リーンウィズ

カーブでの基本姿勢は、上半身と車体の傾きが同じリーンウィズです。目線は路面と水平に位置させて進行方向に向けます

リーンアウト

交差点での左折やＵターンなど、低速で小回りが必要な時は、このリーンアウトの姿勢が有効です

リーンイン

車体が起きているのでタイヤのグリップが期待でき、路面が濡れていたりマンホールがあるなど、滑りやすい状況でカーブを曲がる時などにリーンインの姿勢が有効です

AT

1 右回り

バンクしている前半では、中央のパイロンを見ます。速度とバンク角を一定に保ってカーブを曲がります

後半では進みたい方向の先、8の字コースの場合は切り返し部分に視線を向けます

アクセルを開けると車体は起き上がろうとするので、それをきっかけにバイクを起こして反対側にバンクをさせます

顔と体をカーブの内側に向けると自然に車体はバンクします。車体を倒せば自然にハンドルが切れてバイクは曲がります

2 左回り

左回りから右回りへ切り返したら、リーンウィズでバンクします。カーブ中はアクセルを少しだけ開けます

カーブの前半では、まだ視線は中央のパイロンを見ています。頭は傾けず、目の位置を路面と水平に保ちます

カーブの後半で、左回りへの切り返し部分に視線を向けます。車体を倒しても、決して地面と接触させていない点に注目

バンクしている車体を起こすためにアクセルを開けます

リーンウィズ

カーブでの基本的な姿勢は、運転者の上半身と車体の傾きが同じリーンウィズです

リーンアウト

交差点の左折やUターンなど低速で小回りが必要な時は、このリーンアウトの姿勢が有効です。上半身が起きているので恐怖心は少ないですが、車体が寝ているのでタイヤが滑りやすいデメリットがあります

曲線コース（S字）

DVDに収録 MT AT

道幅の狭い連続したＳ字型のカーブを走行します。内輪差や車体の傾きを考えながら、パイロンに当てないように適切なラインで通過します。

MT ➡129ページ

進入する前にギアは２速にします。コース内でギアチェンジは行ないません。走行姿勢はリーンウィズです。目線は路面と水平に置いて進行方向に向けます

先輩からのとくとく一言!

Ｓ字コースに直線部分はないので、常にカーブの先へ先へと視線を送りましょう。

AT ➡132ページ

ステップに正しく足を乗せ、バランスを保って走行します。車体を倒しているカーブ中は、少しだけアクセルを開けていると安定します

減点基準

□ 10点減点　操作不良のためふらついたとき　□ 20点減点　コース内に設置した障害物等に車体、運転者の身体が軽く接触した場合　□ 検定中止　縁石に車輪を乗り上げたりコースから車輪が逸脱した場合。車体を倒したとき

MT MT

1
コースの外側寄りを狙って進入します。視線はパイロンを見ずに進行方向を見ます
2
腕や肩の力を抜いて、自然に倒れ込むハンドルの動きを妨げないようにします
3
交差する道路の安全確認をして合流します

1
顔を進行方向へ向けて視線を先に送り、S字コースに進入します
2
次の右カーブに備えてコースの外側に向けて走ります。コース内を横断するイメージです
3
合流する道路の状況を確認するために、アクセルを戻して減速します

正面からのカット

コースに進入する前にギアは２速にします。コース内ではギアチェンジは行ないません。車体を傾けてＳ字コースに進入します

内輪差があるのでコースの外側寄りを通ります。ニーグリップを確実に行ない、ステップに正しく足を乗せてバランスを保ちながら走行します。車体を倒しているカーブ中は、一定にアクセルを開けていると安定します

次の右カーブに備えてコースの外側に向けて走り出し、コース内を横断するイメージでラインを変えます

２つめのカーブです。進入にさしかかってきたので、車体を右に傾けます。自然に倒れる動きを妨げないようにします

コースの出口です。車体を起こしながら、合流する道路の状況を確認するためにアクセルを戻して減速します

左側からのカット

ONE POINT ワンポイント

1つ目の外側パイロンのすぐ内側を狙って進入します

前輪ブレーキはバランスを崩しやすいので使用しません。速度調節には後輪ブレーキと断続クラッチを使います

車体が起きたら必要以上に速度を上げないため、そして反対側へ倒すためにアクセルを閉じます

次の右カーブに備えてコースの外側に向けて走り出し、コース内を横断するイメージでラインを変えます

カーブで車体を傾ける時は、リーンウィズの姿勢です。頭は傾けずに、目の位置を地面と水平になるようにします

出口は徐行で走行し、安全確認をして合流。優先道路に他の車がいて、その通行を妨害しそうな時は一時停止をします

03

AT AT

車体を傾けてS字コースに入ります。顔を進行方向へ向けて視線を先に向けます

カーブはリーンウィズで曲がります

左カーブを過ぎたら、車体を素早く右側へ傾けます。腕や肩の力を抜いて、ハンドルの動きを妨げないようにします

アクセルを少し開けて車体を起こします。アクセルを開ける事によって車体は自然に起き上がろうとします

後方からのカット

１つ目のカーブです。車体を左に傾けて進入します

低速のカーブでは、リーンアウトの姿勢も有効です

アクセルを少し開けて車体を起こします。アクセルを開ける事によって、車体は自然に起き上がろうとします

左カーブを過ぎたら、車体を素早く右側へ傾けます。腕や肩の力を抜いて、ハンドルの動きを妨げないようにします

合流するため、右に顔を向けて安全確認をしています。一時停止をする可能性もあるので、ブレーキをかける心構えもしておきます

先輩からのとくとく一言!

アクセルを軽く開けると車体が起きてくるので、タイミングよく切り返しをします。

屈折コース（クランク）

DVDに収録　MT　AT

90 度コーナーを 2 つ結んだ形のクランクコースです。S 字コースよりもカーブの角度がきついので、正確なライン取りと車体コントロールが要求されます。

MT ➡135 ページ

S 字コース以上に進入ラインは重要。速度は充分に落としギアチェンジを済ませておきます。コース内ではギアチェンジを行ないません。ギアはローかセカンドを使います

先輩からのとくとく一言！

コースの外側に沿って走らないと、車体をバンクさせた時の内輪差で、バンパーなどをパイロンに当てやすくなります。

AT ➡140 ページ

道路幅が狭いので車体を傾けるだけでは曲がりきれません。ハンドルを切って曲がっています。リアブレーキで速度を調節します

減点基準

□10 点減点　操作不良のためふらついたとき　□20 点減点　コース内に設置した障害物等に車体、運転者の身体が軽く接触した場合　□検定中止　縁石に車輪を乗り上げたりコースから車輪が逸脱した場合。車体を倒したとき

MT MT

2
直線部分があるように見えますが、横幅が狭いのでラインを修正する余裕はありません
1
S 字コース以上に進入ラインは重要です。コースに入る前に、ギアをローかセカンドにします
3
腕や肩の力を抜いて、ハンドルが内側へ切れ込む動きを妨げないようにします
15

先輩からのとくとく一言!

屈折コースは、幅の狭いS 字コースと同じだと考えるのがクリアする近道です。

ONE POINT ワンポイント

C

内輪差があるので、コース入り口では、1つ目の外側パイロンのすぐ内側を狙って進入します

①正面からのカット

内輪差があるので、コース内は外側寄りを通ります。1つ目の外側パイロンのすぐ内側を狙って進入します

道路幅が狭いので車体を傾けるだけでは足りず、ハンドルを左へ切って曲がっています

視線はパイロンを見ないで、進行方向を見るようにしましょう

すでに視線は2つ目のコーナーに向けています。次は右コーナーでも外側を通るために、切り返します。ブレーキを使う場合は、後輪を軽くかけて速度調整をします

2つ目のカーブでは内側のパイロンに接触することが多いので、コースの外側から進入します

スピードが落ちすぎてノッキングする場合には半クラッチを使います

②後方からのカット

コースの進入口では、前輪が外側寄りを通るようにします

視線はすでに次のコーナーを見ている点に注目

外側を通らないと、このタイミングで内側のパイロンに接触しがちです

車体を起こし、左カーブから右カーブへ切り返します

右カーブも、前輪が外側寄りを通るラインを狙います

車体内側のバンパーで、カーブ内側角のパイロンを倒すケースが多くあります

③内側からのカット

進入口からカーブを曲がるように進入します

外側のパイロンギリギリを狙って通過します

車体の起きている切り返しのタイミングで減速をします

1つ目のカーブと同じように、前輪が外側寄りを通るラインを狙います

ONE POINT ワンポイント

車体内側のバンパーで、カーブ内側の角のパイロンを倒すケースがほとんどです

内側のバンパーを意識して外側を通ります

次のカーブで外側を通れるようにラインを整えます

ノッキングする場合には半クラッチを使います

バイクを倒しすぎるとパイロンに接触します

④パイロンに当てやすい部分の通過

1 カーブ手前の切り返しから車体を外側に寄せます　***2*** コース外側のパイロンぎりぎりに前輪を通すラインを走ります　***3*** 後輪は内輪差で少し内側を通過します

AT

1 1つ目のカーブは、前輪が外側のパイロンの内側を通るようなラインをとります

2 切り返しの時に充分に減速し、余裕をもって2つ目のカーブに入ります

3 2つ目のカーブも、前輪が外側のパイロンの内側を通るようなラインをとります

先輩からのとくとく一言!

低速で半径の小さなカーブでは、リーンアウトの姿勢を使うと曲がりやすくなります。

1 コースに入る前に速度を充分に落として、MTと同じように外側のラインを通るように進入します

2 車体を傾けてクランクコースに進入します。顔をコースの奥へ向けて視線を先に送ります

内輪差があるのでコース内は外側寄りを通ります。1つ目の外側パイロンのすぐ内側を狙って進入します。視線はパイロンを見ないで進行方向を見ましょう

横幅が狭いので車体を傾けるだけでは足りず、ハンドルを左へ切って曲がっています

次の右カーブに備えてコースの外側に向けて走り出し、コース内を横断するイメージでラインを変えます

2つ目のカーブです。進入にさしかかってきたので、車体を素早く右に傾けていきます

車体内側のバンパーで、カーブ内側角のパイロンを倒さないように気をつけます

低速で半径の小さなカーブでは、写真のようにリーンアウトの姿勢を使うと曲がりやすくなります

①パイロンに当てやすい部分の通過

進入口の前からすでにコースのように想定して、カーブを曲がるように進入します

内側のバンパーを意識して、パイロンに当てないように必要ならばハンドルを切って曲がります

先輩からのとくとく一言!

切り返しの時に充分に減速して外側のラインをとり、リーンアウトで曲がるのがコツです。

②パイロンに当てやすい部分の通過

１つ目より２つ目のコーナーの方が車体を外側に位置させにくいので、パイロンに接触する確率が高いです

ハンドルを左へ切って、視線はパイロンを見ないで進行方向を見ます

連続進路転換コース（スラローム）

DVDに収録 MT AT

等間隔に置かれたパイロンの間を右へ左へと縫うように、体重移動とアクセルワークを使ってリズミカルに通過します。

MT ➡144ページ

ギアは２速です。コース内ではギアチェンジをしないので、コース手前で２速にしてから進入します。アクセル操作はスムーズに行ないましょう

先輩からのとくとく一言!

アクセルを開けると車体が起き、閉じると倒れる特性を使って、等間隔に置かれたパイロンの間をスムーズに通過します。

AT ➡147ページ

アクセルを開けて車体が起きた反動を利用し、左から右へ切り返します。アクセル操作に合わせリズミカルに倒し、視線は常に次のパイロンへ向けていきます

減点基準

□５点減点　８秒以上で走行した場合（１秒ごとに５点）　□10点減点　車体の一部を接地させた場合。設置した障害物等に車体が軽く接触した場合　□検定中止　コース内を順に通過できないとき。エンストもしくは足をついたとき。車体を倒したとき

先輩からのとくとく一言!

スピードが速すぎると、パイロンを通過する時にバンパーが接地してしまいます。

右からのカット

コース内ではギアチェンジはしないので、2速にしてから進入します。アクセル操作をスムーズに行ないましょう

アクセルを閉じて車体を左へバンクさせてパイロンを通過します。ニーグリップを確実にして車体と一体化します

パイロンの横を過ぎたタイミングでアクセルを開けて、それと同時に体重移動をして車体を起こします

アクセルを開けて車体が起きた反動を利用し、左から右へ切り返します。視線はすでに、次のパイロンへ向けています

素早くアクセルを閉じて車体を左から右へと倒します。ニーグリップを確実にして積極的に車体をコントロールし、パイロンから離れすぎないラインを選びます

車体をさらに深く倒してパイロンの横を通過していきます。パイロンの横を通過するタイミングでアクセルを開けます

アクセルを開けて車体が起きてきた反動を利用し、今度は車体を右から左へ切り返します

アクセルを戻して車体を左へ倒して次のパイロンをよけます。アクセルを開けると車体は起き上がり閉じると倒れます

体重移動とアクセルワークを使って、リズミカルに通過します

Bad!
悪い例

ニーグリップができていない、背すじと腕が突っ張っている、頭（目線も）が路面と水平になっていない、クラッチレバーを２本指で操作している悪い例です

左からのカット

パイロンの左側を通過したら、アクセルを開けて車体を起こします

切り返しの瞬間は車体が起きています。減速が必要ならこのタイミングで行ないます

車体を左側へ倒し、パイロンの右側を通過します

すでに次のパイロンに視線が向いています

サスペンションの伸縮を吸収するため、ひじが大きく曲がっています

今度はパイロンの左を通過します

AT AT

前からのカット

アクセルを閉じて車体を左へバンクさせ、パイロンを通過します。頭は傾けずに目線を水平に保ちます

アクセルを開けて車体が起きた反動を利用し、左から右へ切り返します。アクセル操作を閉じて倒します

パイロンの横を通過するタイミングでアクセルを開け、次のパイロンに備えて車体を起こします

後ろからのカット

アクセルを開けて車体が起きてきた反動を利用し、車体を右から左へ切り返していきます

AT 車の場合、低速のカーブではこのようにリーンアウトの姿勢を使うと曲がりやすくなります

走行ラインがパイロンから離れていると次のパイロンが通過しにくくなりますが、近すぎると接触してしまいます

坂道発進 DVDに収録 MT AT

上り坂での停止は、後ろに下がらないように後輪ブレーキを踏んでおきます。
回転を上げてクラッチをつなぎ、後輪ブレーキを緩めて発進します。

MT

右前からのカット

坂の傾斜角度に応じた速度とギアを選んで走行し、指定の場所に停止します

右ウインカーをつけて右後方の安全を目視で確認します

エンジンの回転を上げて半クラッチにして、後輪ブレーキを緩めて発進します

正面からのカット

アクセルを戻して減速し、前後輪のブレーキを同時にかけて停止します

ローギアに入っている事を確認します。右ウインカーをつけて右後方の安全を目視で確認します

平地よりもエンジンの回転を上げて、半クラッチにして発進します

減点基準

□5点減点　目視での安全確認がなかったとき。方向指示器を操作しないとき　□20点減点　上がり坂の頂上付近を通行するときに徐行しない場合。勾配の急な下り坂を通行するときに徐行しない場合

AT AT

右前からのカット

上り坂では傾斜角度に応じた速度で走行します。速度が落ちる前にアクセルを開けます

右ウインカーをつけて、右後方の安全を目視で確認します

アクセルを開けながら後輪ブレーキをゆっくりと緩めていき、後退しないように発進します

前からのカット

上り坂の傾斜があるので、平地より弱めのブレーキで停止できます

上り坂での停止は、後ろに下がらないように後輪ブレーキをかけておきます

平地よりもアクセルを開けてエンジンの回転を上げ、そのタイミングで後輪ブレーキを緩めて発進します

急制動

DVDに収録　MT　AT

指定速度からブレーキをかけ、11m（湿潤時 14m）以内で安全に停止します。
アクセルを開けた状態でブレーキをかけないように注意します。

直線部分で一気に加速をして早めに時速40kmに達し、その速度を一定に保ったままで急制動開始地点を通過してブレーキ操作に入るのがポイントです

急制動開始線まできたら、アクセルを戻して前後輪のブレーキを同時にかけます。急激なブレーキにより車体が前に傾くので、ニーグリップで体を支えます

先輩からのとくとく一言!

急な減速による体の傾きは腕で支えるのではなく、主に下半身のニーグリップで全身を支えます。

必ずアクセルを戻してからブレーキをかけます。基本の運転姿勢を再確認しましょう

急制動では、ブレーキ操作を行なっている間も、クラッチを切らずにエンジンブレーキを有効に使います

減点基準

□ 10点減点　指定速度からの急停止において指定速度に達しない速度で制動開始線にさしかかった場合、または制動開始線では指定速度になっていたが、その手前から制動を始めた場合

□ 検定中止　急制動で一度やり直しをしたが、二回目も指定速度からの急停止において指定速度に達しない速度で制動開始線にさしかかった場合。または制動開始線では指定速度になっていたが、その手前から制動を始めた場合

1

時速 40km/h になったらアクセルを少し戻して、速度を保った状態で制動を開始するのがコツです

2

前後輪のブレーキは同時にかけますが、前ブレーキはやや強め、後ブレーキはやや弱めにかけるのが理想的な配分です

時速 40km/h になったらアクセルを少し戻し、速度を保った状態で制動を開始します
ひじを軽く曲げ、膝でタンクをニーグリップして視線は遠くに置きます
ブレーキをかけている間は車体を傾けないで垂直に保ちましょう。車体を傾けてしまうと、転倒の可能性が非常に高くなります。ハンドルも真っすぐに保ちます。ブレーキを強くかけ過ぎると、車輪がロックして音をたてて滑ります。その場合はブレーキを緩めます
クラッチを切るとエンジンブレーキが効かないので、クラッチは停止の直前に切ります
3

4

急制動では、ブレーキ操作を行なっている間もエンジンブレーキを有効に使います。クラッチは停止の直前に切ります

5

安全に停止することが目的なので、エンストは減点になりません。慣れないうちはエンストさせても構いません

03 AT

制動開始線まで加速をし続けるのではなく、時速 40km/h になったら速度を保った状態で制動を開始します

急制動開始線を通過したら、アクセルを戻して前後輪のブレーキを同時にかけます

先輩からのとくとく一言!

AT 車はニーグリップができないので、ステップボードを踏みしめるようにして体を支えます。

AT 車はエンジンブレーキのかかり方が小さいので、ブレーキ操作による減速が重要になります

ブレーキをかけている間はハンドルを真っすぐに保ちます。車体を傾けてしまうと転倒の可能性が高くなります

波状路 DVDに収録 MT AT

等間隔ではなく不等間隔の凹凸の路面を、立ち姿勢で安定を保ちながら通過します。
全長 9.5m のコースを、およそ 5 秒以上の目標タイムで通過します。

立ち姿勢のとり方

立った姿勢での運転は、路面からの衝撃をひじや膝で吸収できます

シートから腰を浮かしてやや前傾姿勢をとり、両膝を軽く曲げてタンクを支えます

ひじや膝を柔軟に曲げてショックをやわらげます

ONE POINT ワンポイント

障害物の真ん中から進入します。速度が速すぎるとバランスを崩しやすく、遅すぎるとエンストしやすくなります

前輪と後輪が乗り上げるタイミングは一定しません

障害物に乗る直前に、クラッチをつないでアクセルを開けます

減点基準

□10 点減点　明らかに速い速度で走行した場合。立ち姿勢（AT 車は着座姿勢）を保たないで走行したとき。操作不良のためふらついたとき　□検定中止　走行中にエンストもしくは足をついたとき。コースから車輪が逸脱した場合

先輩からのとくとく一言!

波状路はローギアで通過します。障害物の中央に車体を直角に配置します。

横からのカット

前輪が障害物に乗る直前に、クラッチをつないでアクセルを開けます

前輪が障害物に乗ったのでアクセルを閉じますが、この障害物では後輪タイヤも乗るタイミングなので、後輪が乗るまでアクセルを開けます

障害物に乗ったタイヤは惰性で進んで落ちます。その時、ひじと膝の力を抜いて衝撃を吸収し、バランスを保ちながら通過します

後ろからのカット

障害物に前輪と後輪が乗る直前のタイミングで、クラッチをつないでアクセルを開けます

その時の衝撃はフロントサスペンションが吸収してくれますが、ひじも動かしてショックを和らげます

肩・ひじ・膝などは衝撃を吸収するため力を抜きますが、ハンドルはしっかり握って車体を直進させます。

先輩からのとくとく一言!

通過の速度が速すぎるとバランスを崩しやすく、遅すぎると転倒しやすくなります。

AT AT

前輪が障害物に乗る直前にアクセルを開けます。AT 車はアクセルを戻しきると回転が上がるのに時間がかかります

後輪が障害物に乗り上げたらアクセルを少し戻し、リアブレーキで速度を調節します

肩・ひじ・膝などは衝撃を吸収するため力を抜きますが、ハンドルはしっかり握って車体を直進させます

障害物は不等間隔で配置されているので、前輪と後輪が乗り上げるタイミングは一定しません

コラム３　免許をとった時が安全運転のスタート

**風を切って走れば四季の移り変わりを感じ、いつでも自由にどこへでも行ける。
そのワクワクする気持ちを末永く楽しむために。**

プライベートでは愛車 DR-Z でツーリングに出かけたりモタードのレースに参戦したりするほどのバイク好きだが、家族を連れてドライブを楽しむ優しき父親でもある

自動二輪の免許を取得しオートバイで走るようになると、これまでとはまるで違った世界が広がってきます。いつでも自分の好きな時間に自分の力で移動できるようになり、高速道路に乗って遠くまで出かける事も可能になります。これまで自動車に乗っていた方でも、自動車では入って行く気がしなかった細い路地にもオートバイでは気軽に入っていく事ができ、そこには新たな発見が待っていたりします。「風を切って走り、四季の移り変わりを感じ、いつでも自由に、どこへでも行ける」という事はまるで翼を得たような気分にもなります。またタンデムツーリングや気の合う仲間と一緒に走る事はとても充実した大切な思い出となります。最初は運転にも慣れていないので、ドキドキする事の方がはるかに多いのですが、たくさん走り運転操作に慣れて、ぜひこのワクワクする気持ちを体験してみてください。

免許が取得できたといっても、まだまだ初心者である事をいつも忘れないでください。時にはヒヤリとする経験もするかと思います。そういった時に、「いまのは何が悪かったのか、次からはどうしたらいいのか」ということをいつも考えて運転をしてみてください。自分の技量を過信しないで、無理をせず安全な運転をこころがけましょう。

この本を読んでいる方の中にはこれから二輪免許を取得され、車とオートバイを両方運転される方もいると思います。車に乗っている時には「オートバイは加速が良くて危ないな」と思いますし、オートバイに乗っている時には「車は邪魔だな」とつい思ってしまうこともあるかと思います。車とオートバイの走行性能にはかなりの違いがあります。オートバイは加速がよく、すぐにスピードが出てしまいます。また車線を変更するということも身軽にできてしまいます。オートバイの運転経験がないドライバーは、そういったオートバイの特性を知らない方も多いので、ライダーはその点を理解した運転操作が必要です。

また歩行者に対しても同様に、優しい運転を心がけましょう。自分が狭い道を歩いていた時に、すぐ横をオートバイがすごいスピードで追い抜いていったとしたら怖い思いをするのではないでしょうか。車の運転をするドライバーの気持ちと、オートバイを運転するライダーの気持ち、そして歩行者とそれぞれの気持ちを理解し、常に相手の立場を思いやり、安全運転をすれば交通事故も減らせると思います。

LESSON

04

DVDに収録

座学

指定教習所で免許を取る概要に加えて、本教習で使用したCB400SFを手に入れた時に必要となる、バイクの点検や整備などについて紹介します。

公認教習所で取得する

普通自動二輪免許取得の概要

普通自動二輪免許を取得するには、公安委員会指定の公認教習所を卒業する方法と、運転免許試験場で受験するいわゆる一発試験の２通りがあります。ここでは一般的な公認教習所での免許取得方法を紹介します。

1 身体条件

運転免許証は道路交通法によって規定されています。道路を運転する場合には、一定の技量の他に、信号や標識などを確認して理解する必要があります。したがって以下の条件は、公認教習所でも運転免許試験場でも適用されます。

年　齢

満 16 歳以上

視　力

両眼で 0.7 以上、かつ片目でそれぞれ 0.3 以上あること。片目が見えない人は、見える方が 0.7 以上で、視野が左右 150 度以上あること

※眼鏡／コンタクトレンズ使用可

色彩識別

赤・青・黄色の識別ができること

聴　力

10 メートルの距離で 90 デジベルの警音器の音が聞こえること

※補聴器の使用可

学　力

通常の読み書きができ、その内容を理解できること

運動能力

運転に支障を及ぼす身体障害がないこと

2 その他の条件

安全な運転に支障を及ぼすおそれがある等の理由により、以下の条件に該当する方は運転免許を取得できません。交通違反や事故などで行政処分を受けた方でも、欠格期間が終了していれば取得は可能です。その場合、教習所へ入所する際に「取消処分通知書」などの書類が必要になるので、詳細は教習所へ問い合わせてください。

政令で定められた病気

自動車等の安全な運転に支障を及ぼすおそれがある政令で定められた病気、もしくは中毒（アルコール・麻薬・覚せい剤）にかかっている人

運転免許の取消・停止

運転免許の取消処分中、又は停止処分中の人

取消処分者講習

運転免許証の取消処分を受けて、取消処分者講習を受講していない人

累積点数

取消処分を受けていない方で、交通違反や交通事故で累積点数が 15 点以上の人

運転の禁止処分

国際免許証による６ヵ月以上の運転の禁止処分を受けている人

3 普通自動二輪免許の種類と規定時間

普通自動二輪免許には、マニュアル（MT）とオートマチック（AT）の区分があります。公認教習所では、それぞれ教習に必要なカリキュラムが異なります。また教習の期限も定められていて、教習開始から９ヵ月以内に技能と学科の全課程を終了して、その全課程修了日から３ヵ月以内に卒業検定に合格しないと、教習の実績がすべて無効になります。卒業証明書は1年間有効で、その有効期間内に運転免許試験場へ持参すれば技能試験が免除されます。

普通自動二輪免許

限定のない、いわゆるマニュアル免許。MT ／ AT の区別なく、総排気量 400cc 以下の自動二輪車、小型特殊自動車、原動機付自転車が運転できます

AT 限定 普通自動二輪免許

平成 17 年 6 月から新設。総排気量 400cc 以下で、スクーターを中心とするクラッチ操作を必要としない AT の自動二輪車、小型特殊自動車、原動機付自転車が運転できます

※原動機付自転車（50cc 以下）の MT 車は運転できます。クラッチ操作を必要としないスーパーカブなどの自動遠心クラッチ車は、50cc 以上でも運転できます

希望免許／保有免許	普通自動二輪		AT 限定普通自動二輪	
	技能	学科	技能	学科
なし・原付・小特	19	26	15	26
普通・中型・大型自動車（各二種も同様）	17	1	13	1
大特・大特二種	17	4	13	4
カタピラ限定大特	19	4	15	4
AT 限定普通二輪免許	5	0	——	——
小型限定普通自動二輪	5	0	3	0
小型 AT 限定普通自動二輪	8	0	5	0

※単位は時限

4 免許取得までの大きな流れ

公認自動車教習所

入所 → 適性検査

第一段階 → みきわめ
学科／技能

第二段階 → みきわめ
学科／技能

卒業検定 → 卒業

運転免許試験場

適性検査
筆記試験
免許交付

適性検査

必要な視力や聴力検査と、運転に関する状況判断や行動の正確さなどを自覚するための、ペーパーによる性格テストを行ないます

第一段階

技能では取り回しや基本操作、学科では交通安全の基礎知識や運転する心構えなど、道路で運転するための基本的な知識を学びます

第二段階

第二段階では交通法規にそった走行や応用走行について教習をします。学科では安全運転の専門的な知識や応急救護について学びます

卒業検定

全ての教習が終了したら技能検定員による卒業検定を受けます。これに合格すると卒業証明書が交付されて教習所を卒業できます

筆記試験

都道府県の運転免許試験場で学科試験を受験します。普通自動車免許や、小型限定普通二輪免許などを取得している人は筆記試験を免除されます

免許交付

免許証の交付は、都道府県の運転免許試験場で交付されます。教習所の卒業証明書を持参して、免許センターで交付の手続きを行ないます

5 教習費用の目安

普通自動二輪免許の教習費用は、すでに所持している免許の種類と教習所によって異なります。ここでは本書でご協力いただいた新東京自動車教習所をサンプルにして、普通自動二輪免許を取得する費用の目安を紹介します。下記の金額は、入所から卒業までの規定時限分です。技能・学科教習や卒業検定などでは、個人の習得技量により規定をオーバーする場合もあります。

※この金額は、執筆時（平成 22 年 10 月）のものです。

希望免許 / 保有免許	普通自動二輪	AT 限定普通自動二輪
なし・原付・小特	141,540 円	129,780 円
すでに普通自動車等の他種免許所持の人	99,960 円	88,200 円

内訳

入所時諸費用 下段は他種免許所持の人	81,480 円 45,780 円
技能教習（1h）	2,940 円
卒業検定（1 回）	4,200 円

■オプションのプラン

新東京自動車教習所では、通常の免許取得コースに加え、様々なオプションプランを提案しています

■安心コース　+5,880 円

15 才から 26 才までの人で、普通自動二輪免許の教習限定です。技能教習・検定料の追加料金がかからないので、教習時限のオーバーが気になる人に最適です

■単独教習　+21,000 円

通常はひとりの指導員が複数の教習生を教えます。しかし、このオプションなら他の教習生と組み合せが無く、すべての教習時間をワンツーマンで受講することができます

■優先教習　+10.500 円

通常の教習プランの場合は手持ち 1 時限の予約しかできませんが、1 日につき 1 時限で常時手持ち 4 時限の優先予約ができるコースです。予定を確実に組みたい人におすすめです

■短期取得プラン　+21,000 円

教習生の都合に合わせ、専門スタッフが段階ごとにスケジュールを組んでくれます。優先プラン・短期取得プラン共に優先予約の他にキャンセル待ちで乗車することもできます

希望免許 / 保有免許	普通自動二輪	AT 限定普通自動二輪
AT 限定普通自動二輪	45,750 円	
小型限定普通自動二輪	45,750 円	39,900 円
小型 AT 限定普通自動二輪	54,600 円	45,750 円

公認 CB400SFで教習をする 新東京自動車教習所

東京都内随一の広さを誇る敷地には規定に沿ったすべての課題が設置され、長い外周路では充分にアクセルを開けて練習ができます。公安委員会指定の公認教習所なので、卒業すれば運転免許試験場での実技試験が免除されます。

指導員はみんな明るく活動的で、プライベートでバイクに乗っている人も多いです。また女性指導員も在籍しているので、女性の方でも安心です

実用性を考慮した多彩なコース設定で安全運転を学ぶ

1960年の開校以来、新東京自動車教習所は「安全な運転者は良い環境から生まれる」という考えから、所内コースは都内でも随一の広さがあります。これによりいつも同じコースばかりを走るのではなく多彩な練習コースを設定することができ、より多くの運転経験を積むことで危険予測能力を高め、効果的に安全運転を学ぶことができます。

そして設備というハード面だけではなく、指導するインストラクターというソフトの面も忘れてはいません。車という機械を操作するのは人であり、その運転者の心構えにより自由の翼は最悪の凶器にもなることを私たちは知っているからです。

そのためベテランから若手まで、男性指導員ばかりではなく多くの女性指導員も採用することで、それぞれの教習生に合った親切で丁寧な教習を心がけているのです。

入り口を入るとすぐに、広くて明るい待合室があります。コースに面した部分がガラス張りなので、技能教習を見学することができます

喫茶スペースには、飲み物やスナック類があります。無線LANカード装着のパソコンがあれば、無料でインターネットが利用できます

東京都公安委員会指定

新東京自動車教習所

〒187-0032　東京都小平市小川町1-2364
Tel.042-342-4111　Fax.042-341-8911
URL.http://www.mitsuya-r.com/shintokyo/

教習時間　9時40分～20時30分
（土日祝日は17時30分）
定 休 日　毎月第3日曜日（2・3月を除く）、年末年始（12／29～1／4）

- ●四輪・二輪駐車場、託児施設・更衣室、ヘルメットやブーツ等の無料レンタルあります。
- ●西武拝島線小川駅から徒歩14分。小平、玉川上水、武蔵砂川、立川、国分寺、昭島、各方面に無料送迎バスがあります

覚えておきたい CB400SFのメンテナンス

写真■小峰秀世 Photographed by Hideyo Komine　協力■ホンダドリーム豊島 Tel:03-3954-0188

愛車のコンディションを、良い状態で維持するために必要となるメンテナンス。ここではショップの協力の下、6ヵ月点検などで用いられる項目をメインに、ベーシックメンテナンスを詳細に解説していきます。細かいポイントや注意点などに気を付けながら、愛車のコンディション維持に励みましょう。

また、作業にあたり必要となる工具やケミカルなどを、あらかじめ用意しておくことも大切です。一般的な工具を使用しますが、特殊工具を使用する場合もあるため、必要に応じて用意しておくことをお薦めします。

常日頃から愛車を気に掛け、大切にしていくということが、メンテナンスの第一歩です。

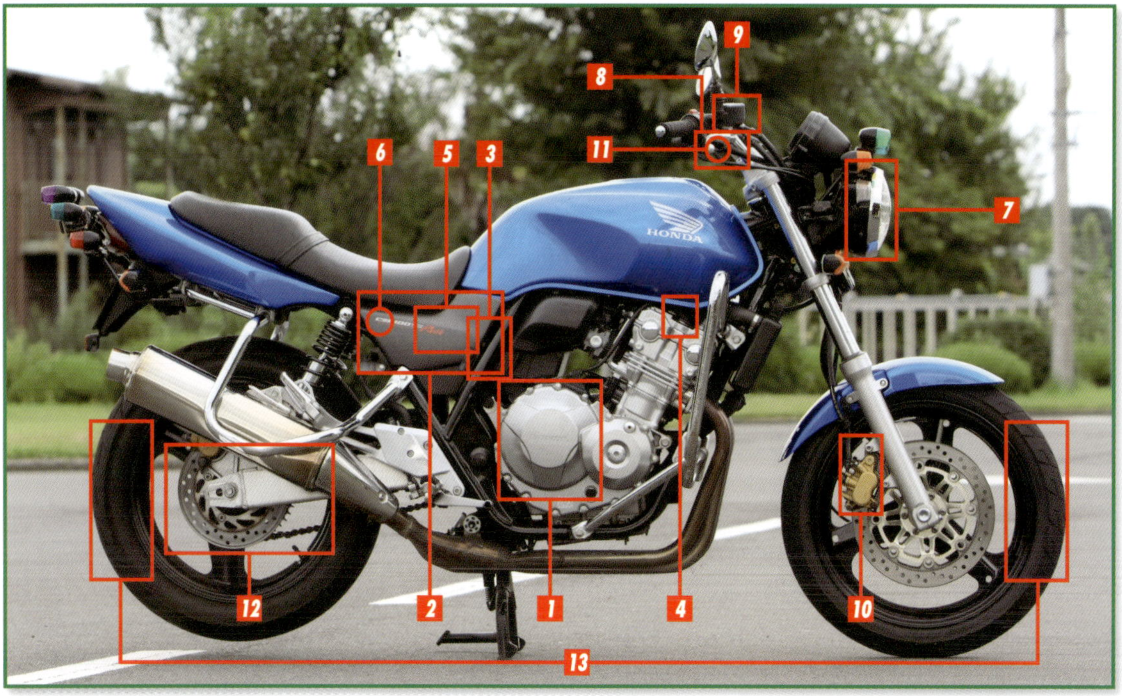

1 エンジンオイルの点検
2 冷却水の点検
3 エアクリーナーの点検
4 スパークプラグの点検
5 バッテリーの点検
6 ヒューズの点検
7 ヘッドライトバルブの交換
8 ブレーキレバーのグリスアップ
9 ブレーキフルードの交換
10 ブレーキパッドの点検
11 クラッチレバーの調整
12 ドライブチェーンの調整
13 タイヤの点検

覚えておきたい CB400SF のメンテナンス

エンジン周りのメンテナンス

バイクを動かすための心臓部と言える、エンジンに付随する部分のメンテナンスを紹介していきます。ポイントや注意点をしっかり踏まえて作業にあたりましょう。

1 エンジンオイルの点検

エンジンオイルは、エンジン内を巡回し、潤滑、洗浄、冷却と主に3つの重要な役割を果たします。

■工具　**レンチ　廃油受け　オイルフィルターカートリッジレンチ**

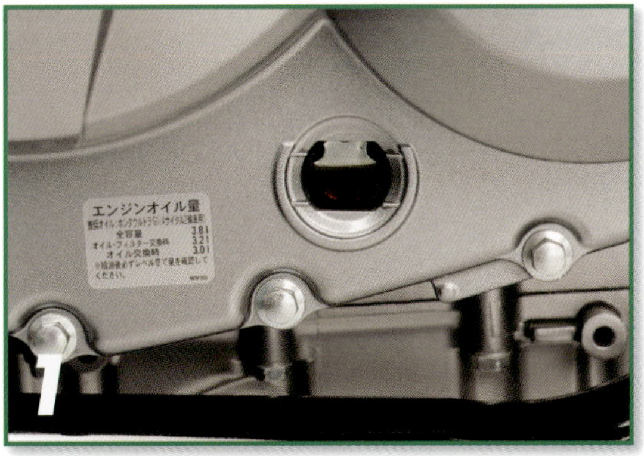

1 エンジンオイル量の点検

点検する前に暖機する必要があります。エンジンを掛け、5分程アイドリングします。その後2～3分時間を置いた後に、車体を立てた状態で点検窓を覗き、アッパーとロアーラインの間にオイルラインが確認できれば適正量です

2 オイルフィラーキャップを取り外す

続いてエンジンオイルの汚れ具合をチェックするため、オイルフィラーキャップを取り外します

POINT

点検窓がない車両は、オイルフィラーキャップに、スティック状のオイルゲージがあります

3 エンジンオイルの汚れを確認

オイルフィラーキャップを取り外し、きれいなウエスでキャップに付いた汚れを拭き取ります。そして、ウエスに付着したエンジンオイルの汚れを確認します

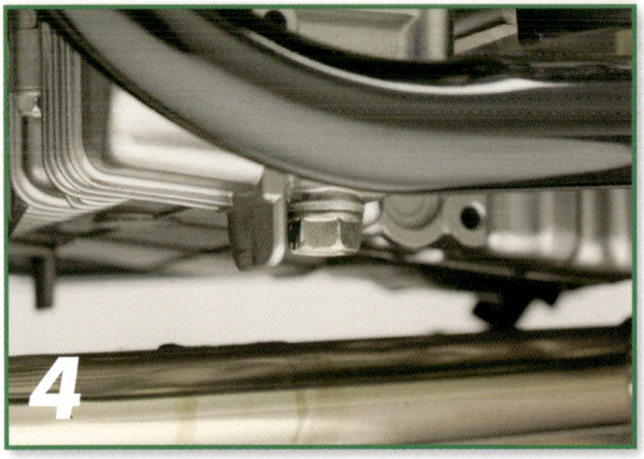

4 エンジンオイルの交換方法

続いて、エンジンオイルの交換方法を解説していきます。ドレンボルトはエンジン下部にあります

WARNING

暖機したことにより、ドレンボルトも熱を持っています。火傷を避けるため、作業は手袋をはめて行ないましょう

5 ドレンボルトを取り外す

17mm のレンチを使用して、エンジン下部にあるドレンボルトを緩めます

CHECK

ドレンボルトを緩めると、エンジンオイルが流れ出てくるため、廃油用のトレイ等を下に敷いておきましょう

6 エンジンオイルを排出する

エンジンオイルを廃油受けに流し出します。エンジンオイルは冷えている時と暖まった時とでは、流動性が変わります。あらかじめ暖機しておけば、エンジンオイルはスムーズに流れ出るはずです

POINT

エンジンオイルがある程度排出されるまでには、時間が掛かります。時間に余裕を持って作業に当たりましょう

7 ドレンボルトとワッシャーを確認する

ドレンボルトを取り外した際、ワッシャーがエンジン側に残っている場合があります。エンジン側にワッシャーが残ったまま、新しいワッシャーを付けてドレンボルトを締め込むとワッシャーが二重になり、オイル漏れの原因となります

8 オイルフィルターを交換する

エンジンオイルを抜いている間に、オイルフィルターカートリッジを交換します。オイルフィルターカートリッジは毎回交換するのではなく、2回に1回程度の割合で交換しましょう

WARNING

オイルフィルターカートリッジの交換作業は、熱を持ったエンジンとエキゾーストパイプの間での作業となります。メカニックグローブなどを用意し、火傷に充分注意しながら作業を行ないましょう

9 オイルの逃げ道を作る

オイルフィルターカートリッジを取り外すと、少量ですがエンジンオイルが流れます。エキパイにオイルが付着しないように、エンジンオイルの逃げ道を作る必要があります。ダンボールの切れ端などを使用して、写真の様にエンジンオイルの流れを誘導しましょう

10 オイルフィルターを緩める

オイルフィルターカートリッジを取り外すため、オイルフィルターカートリッジレンチという、特殊工具を使用します

POINT

オイルフィルターカートリッジレンチを使用して、ある程度緩めます。手で緩む程度まで緩めたら工具を外します

11 オイルフィルターを取り外す

工具を取り外し、オイルフィルターを手で緩めていきます。オイルフィルターが外れそうになると、オイルが流れてくるので廃油トレイに流れるようにしましょう

POINT

写真では、素手で行なっていますが、実際は熱を持った部分の作業となります。メカニックグローブ等で手を保護し、くれぐれも火傷には注意して作業を行ないましょう

12 ゴムパッキンを確認する

オイルフィルターを取り外したら、ゴムパッキンが付いていることを確認します

CHECK

付いてなければ、必ずエンジン側に固着して付いているので、きれいに取り外しておきましょう

13 取り付ける前に清掃しておく

オイルフィルターとエンジン側の合わせ面を、パーツクリーナーを染み込ませたウエスできれいにしておきます

WARNING

台座の部分が汚れたままオイルフィルターを装着すると、その部分からオイルが漏れる可能性があります

14 オイルフィルターを取り付ける前に

新品のオイルフィルターのゴムパッキンにエンジンオイルを塗布しておきます

POINT

オイルは、ねじ込んだ時にパッキンがヨレたり、捻れたりしないようにするために塗ります

15 オイルフィルターを取り付ける

オイルフィルターはまずレンチを使用せず、手締めで締まるところまで締め込みます

POINT

フィルターを真っすぐあて、ねじ込みましょう。無理矢理斜めに装着すると、オイル漏れの原因となります

16 オイルフィルターを本締めする

手で締め込んだ後に、カートリッジレンチを使って、オイルフィルターを本締めします

POINT

オーバートルクは禁物です。カートリッジレンチで 90° 程度締め込むだけで OK です

17 周りのオイルを拭いておく

エンジンをかけた時にオイルが漏れていないか確認するため、オイルフィルター周りをパーツクリーナーを染み込ませたウエスできれいに拭いておきます

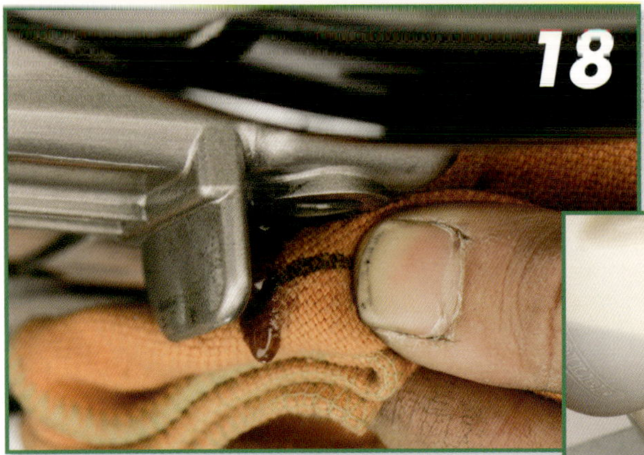

18 ドレンボルトを取り付ける

あらかじめドレンのネジ部分を掃除しておきます。ゴミなどを噛んだままボルトを締め込んでしまうと、オイル漏れの原因になります。ワッシャーを間に入れることを忘れないように、向きにも充分注意しましょう。ボルトを取り付けたら、再びウエスで掃除をします

19 エンジンオイルを注入する

点検窓の横にオイルの規定量が記載されているため、確認して適量のエンジンオイルを注入していきます。後にエンジンを暖機し、オイルを回すと、フィルターにオイルが吸われるため、オイルを注入、暖機を繰り返し、規定量へと調節していきます

20 オイルの注入口を清掃する

周りにゴミがついたままフィラーキャップを取り付けてしまうと、オイル漏れの原因となるので注意します

POINT

エンジンオイルの注入口を清掃する場合は、ウエスで拭いたゴミが中に入らないように注意しましょう

21 フィラーキャップを取り付ける

フィラーキャップに付いたOリングに不具合がないことを確認し、取り付けます。そして、ドレンボルト、オイルフィルター、フィラーキャップ部などからオイルが漏れていないかを確認します

2 冷却水の点検

ラジエーターで冷やされた冷却水は、エンジン内を回り、オーバーヒートを防ぐ役割を果たします。

■工具　**ヘキサゴンレンチ**

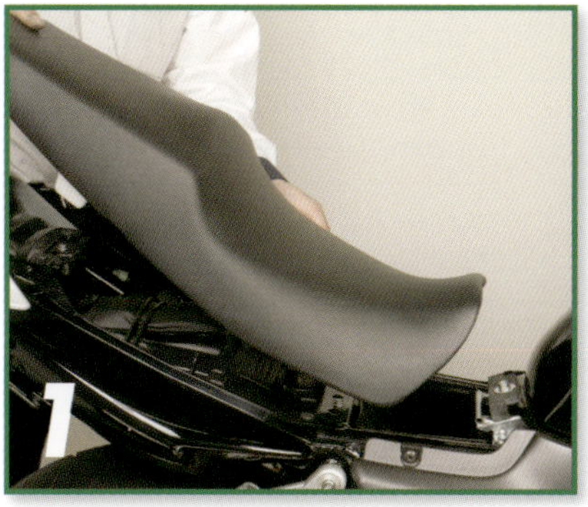

1 リザーバータンクを確認するため、シート、サイドカバーを取り外す

リザーバータンクは、右側のサイドカバーを取り外すと確認できます。まず、キーでシートロックを解除し、シートを取り外します。その後、サイドカバーのボルトを緩め、サイドカバーを取り外します

CHECK

サイドカバーは、ボルトとグロメット２ヵ所で固定されています。取り外す際は、ボルトを緩め、上部にあるグロメットを１つひとつ確実に取り外しましょう。強引に外そうとするとサイドカバーが破損してしまう可能性があります

2冷却水の量を確認する

サイドカバーを取り外し、露出したリザーバータンクを確認します。アッパーとロアーラインの間に、冷却水が確認出来れば規定量です。もし規定量より少なければ、左上のキャップを取り外し、そこから冷却水を足します

POINT

走行後などで、エンジンが熱くなっている場合は、水が膨張し液面が上がることがあります。その状態では正確な量は量れません。確認する場合は、エンジンが冷えている時に行ないましょう

3 エアクリーナーの点検

吸い込んだエアを浄化し、キャブレターないしFIに送り込むことがエアクリーナーの働きです。

■工具　**レンチ　プラスドライバー**

1 タンクを取り外す

エアクリーナーボックスは、燃料タンクの下にあります。まずシートとサイドカバーを外し、燃料タンクを取り外します。最初に、燃料タンク後方のマウントボルトを取り外します

WARNING

タンクを取り外し、再度取り付ける際、ブリーザーホースを噛んだまま取り付けてしまい、そのまま走行し続けてしまうと、タンクが凹んでしまう可能性があります。心配であれば、タンクの取り扱いはショップにお任せしましょう

先輩からのとくとく一言!

タンクが満タンだと重量があるので、ガソリンが少ないタイミングで作業すると楽です。

2 タンクを浮かせる

中ではチューブや配線などが繋がっているため、まずは作業しやすいように、タンク後方を少し浮かせておきます

POINT

タンクを少し持ち上げて後方にずらし、タンクを傷付けない当て物をタンクの下に噛ませます

3 カプラーを取り外す

燃料計やフューエルインジェクションに繋がる集合カプラーを取り外します。取り外す際は、カプラー本体をつまみ、取り外しましょう。配線を引っ張っては、断線させてしまう心配があります。充分注意しましょう

4 ホースを抜いておく

バイクが左右に揺れたときに、ガソリンがこぼれるのを防ぐためのドレンホースと、タンク内に空気を送り込む、ブリーザーホースの２本のチューブを取り外しておきます

5 FI に繋がるチューブも抜く

フューエルインジェクション内にガソリンを送るコネクターの接続も外しておきます

POINT

リテーナーは、固く留まっていて取り外しが大変です。下手に外してチューブ、コネクター、ジョイント部分などを傷付けると、ガソリン漏れの原因となるので扱いには充分注意しましょう

6タンクを取り外す

すべての配線やチューブを取り外したら、タンクを持ち上げながら後方に引いて取り外します

WARNING

ガソリンを抜いた状態でもタンクの重量はそれなりにあります。扱いには充分注意しましょう

7タンク取り付け時のポイント

タンクを取り付けるときは、タンクのフック（写真左）をフレームのグロメット（写真右）にはめ込みます

POINT

タンクの取り付けは、取り外した時と逆で、後方からスライドさせながら、グロメットにフックを掛けましょう

8ビスを３ヵ所取り外す

エアクリーナーボックスのカバーは、３ヵ所のビスで留まっています。すべてのビスを取り外します

POINT

ビスの頭をナメないよう、サイズの合ったプラスドライバーを使用して、ビスを取り外しましょう

POINT

外から入った空気はダクトからエレメントを通ることで、クリーンな空気をFIやキャブレターに送ります

9エアクリーナーボックスのカバーを取り外す

カバーを取り外します。カバーは、ダクトにもなっていて、空気の通路となる導管の役目も果たします

10 エアクリーナーエレメントを取り出す

カバーを開けると、エアクリーナーエレメントを取り外すことができます

POINT

基本的には清掃はしません。汚れがひどければ交換します。マニュアルの指定距離で交換しましょう

11 ボックス内を清掃する

外から汚れた空気を吸い込んでいるため、エレメントを取り外した際、ボックス内も清掃しておきます

POINT

パーツクリーナーを染み込ませたウエスで清掃します。軽く拭き上げ、ホコリが入らないように注意しましょう

13 カバーを取り付ける

ゴムパッキンに問題がなければ、エアクリーナーエレメントを入れ、カバーを取り付けます

POINT

取り外したときと同様に、3 本のビスをプラスドライバーを使用して、取り付けます

12 ゴムパッキンを確認する

カバーのゴムパッキンの剥がれや、よじれを確認します。ゴムパッキンに不具合があると、そこから汚れた空気が入って性能低下に繋がります。このことを“二次エアを吸う”といいます

14 各ホースやカプラーを接続する

取り外したときと同様に、タンクを少し取り付け、後方を浮かせながら、配線類を取り付けます

POINT

取り付けるのは、ドレン、ブリーザーホース、フューエルホースのコネクターと集合カプラーです

15 タンクを取り付ける

タンクを前方に押し、フックをしっかりグロメットに掛けます。そして、マウントボルトを締め付けます

CHECK

マウントボルトを締め付ける前に、ホースや配線類がタンクに噛んでいないか、確認しておきましょう

POINT

写真はブリーザーホースに繋がるホールです

16 ドレン、ブリーザーホースの口を確認

このあと、各ホールからエアを送り、ドレン、ブリーザーホースが正常かを確認します

17 ドレン、ブリーザーホースを確認する

右側のクランクケース下部に、ホースが出ています。エアを送ってここから流れれば OK です

POINT

右側のホースがブリーザーホース。中央のホースがドレン、左側のホースは冷却水のリザーバーのドレンホースです

18 各ホールからエアを吹く

タンク側からエアを送り、ホースの先端からエアが出ていることが確認できれば、取り付け作業は終了です

POINT

エアが出てこなければ、ドレンかブリーザーホースが噛んでいたりするので確認しましょう

4 スパークプラグの点検

燃焼室内に火花を飛ばす役割を果たすスパークプラグ。車種によって、その数も異なります。

■工具　プラグレンチ　トルクレンチ

1 プラグの周りを掃除する

プラグの周りが汚れていると、プラグキャップやプラグを取り外した時、周りのゴミが燃焼室に入ってしまいます。これを避けるために、あらかじめ、プラグ周りを掃除しておきましょう

先輩からのとくとく一言!

イリジウムプラグの端子は柔らかいので、ブラシではなくウエスで拭く程度にします。

2 プラグキャップを取り外す

続いて、プラグキャップを取り外します。必ずキャップの部分をつまんで取り外しましょう。コードの部分を引っ張ってしまうと、断線する可能性があります

3 エアを吹く

プラグを抜く前に、プラグホール内を掃除します。エアダスターなどがあれば、簡単にゴミやホコリを吹き飛ばすことができます

POINT

この後プラグを取り外すため、できるだけ周辺のゴミやホコリは除去しておきましょう

4

4 プラグを取り外す

プラグレンチを使用して、プラグを取り外します。プラグレンチはサイズの合った物を使用しましょう

CHECK

プラグレンチは特殊工具の1つと言えますが、プラグの交換をする場合には必ず必要となります

5 プラグの状態を確認する

左が取り外したプラグ、右が新品のスパークプラグです。並べると汚れが比較できます

POINT

カーボンが付着し、焼け色は若干黒いですが、この程度なら問題がないため、カーボンを掃除して再利用します

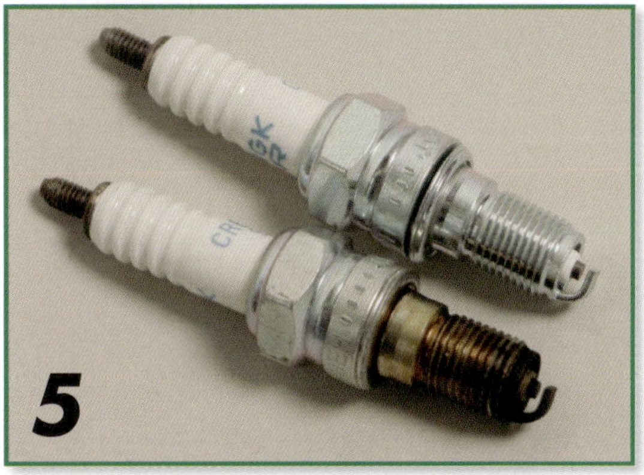

5

6

6 プラグをブラシで擦る

ネジ山の部分に付いたカーボンを、真鍮ブラシを使用して落とします。端子の部分は傷めたくないので、できるだけ触らないようにしましょう。プラグを落とすとギャップが変わってしまうので扱いには注意しましょう

7 グリスアップする

プラグのネジ山の部分に。マルチパーパスグリスを薄く塗布しておきましょう

POINT

グリスを塗ることで、カジリ防止に繋がります。取り付ける前にプラグ全体に不具合がないかも確認しておきます

7

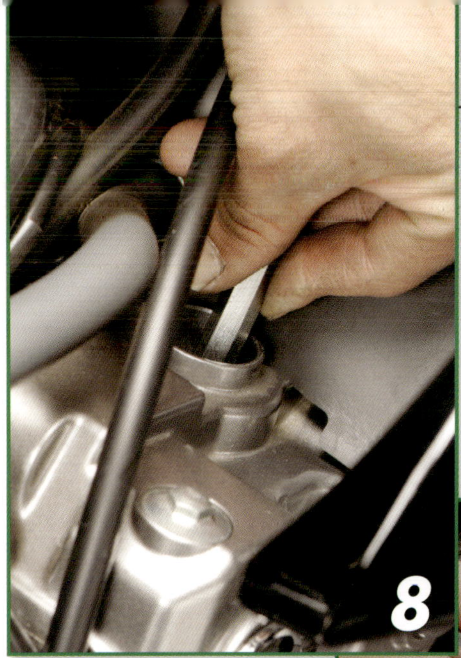

8 プラグを差し込む

プラグをプラグレンチに取り付け、プラグホールへと差し込みます。このとき、斜めに入れないよう注意しましょう。プラグホールに対して、垂直にプラグを差し込み、手で締め込んでいきます

9 トルクレンチで締め付ける

プラグをある程度締め込んだら、トルクレンチを使用して、プラグを締め込みます

POINT

CB400SB Revo の場合は、トルクレンチを使用して、16N・m のトルク値で締め込みます

10 プラグキャップを取り付ける

最後に、プラグキャップをウエスで拭き、しっかり取り付けます。奥までグッと差し込みましょう

POINT

4 気筒の車両は当然スパークプラグも 4 つあるため、すべて確認しましょう。作業方法はすべて同じです

覚えておきたい CB400SF のメンテナンス

電装系のメンテナンス

スパークプラグを作動させたり、セルモーターを稼働させるためのバッテリーやヒューズなどのメンテナンスを解説していきます。バッテリーやライトのバルブ等は消耗品です。

5 バッテリーの点検

セルや灯火類を機能させるために必要となるバッテリー。今回は、メンテナンスフリーの密閉型を解説します。

■工具　**レンチ　プラスドライバー**

1 バッテリーカバーを開ける

タンクのマウントボルト下部にバッテリーがあります。まず、カバーのボルトを取り外します

2 ボルトの増し締め

バッテリーを留めている左右のボルトは、緩むことがあります。定期的にチェックし、増し締めしておきましょう。また、充電や交換のために本体を取り外す際は、マイナス側→プラス側の順で取り外します

POINT

バッテリーのメンテナンス作業を行なう際は、必ずメインキーは OFF にするか取り外しておきましょう

3 バッテリーを充電する

新品のバッテリーが上がってしまった場合は、充電すれば解決できます。しかし、2 年以上使用したバッテリーの場合は充電も 1 つの手ですが、またすぐに上がってしまう可能性が高いため、基本的にはバッテリーは新品に交換することをお勧めします

6 ヒューズの点検

ヒューズはバッテリーから流れた過電流などの異常時に、溶断して先の回路を保護するパーツです。

■工具　**ヘキサゴンレンチ　ラジオペンチ**

1電装部品への対応表を確認

左側のサイドカバーを取り外すと、ヒューズボックスが確認できます。そして、ボックスのカバーには、電装パーツに対する対応表があります。ヒューズが切れた場合は、どの電装部品なのかを確認することができます

2ヒューズを確認する

カバーを開けると、ヒューズが確認できます。ヒューズが切れた場合は、切れたヒューズに対応した電装部品を直してから、新しいヒューズに交換します

POINT

ヒューズを交換する際は、メインキーをOFFにした状態で行ないましょう

3ヒューズを交換するには

ショートしたヒューズを交換する場合は、ヒューズクリップかラジオペンチを使用して引き抜きます

4ツメを確認する

定期的に、ヒューズを取り外し、端子の部分が錆びていないか確認しましょう。通電していれば特に問題はありませんが、錆びていれば、新しいものと交換しておくことを勧めます

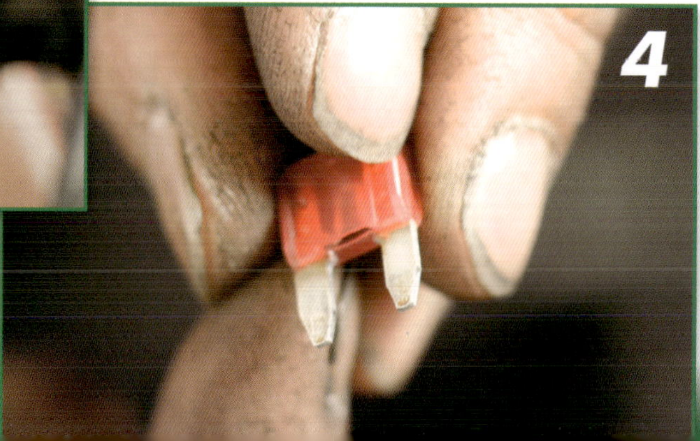

7 ヘッドライトバルブの交換

ヘッドライトは進行方向を照らす重要な保安パーツ。公道走行する上で、正常な点灯は絶対です。

■工具　プラスドライバー

ヘッドライトバルブの交換方法（ネイキッド）

1 レンズのビスを取り外す

左右を留めているビス２本を取り外せば、ヘッドライトレンズをヘッドライトケースから取り外すことができます

POINT

レンズはツメでケースに固定されていることが多いので、ボルトを外した後にスムーズに外せない場合は、ツメが引っ掛かっていないかチェックしましょう

2 ヘッドライトレンズを取り外す

上部にツメがある場合は、下部を少し手前に引き、下に下げながらツメを外してレンズを取り外します

POINT

中ではまだカプラーが残っています。無理に引っ張ると断線してしまうため、扱いには注意しましょう

3 カプラーとダストカバーを取り外す

配線を繋ぐカプラーを取り外し、ゴム製のダストカバーも取り外しておきます

POINT

カプラーは本体をつまみ、取り外しましょう。配線を引っ張ってしまうと断線してしまう可能性があります

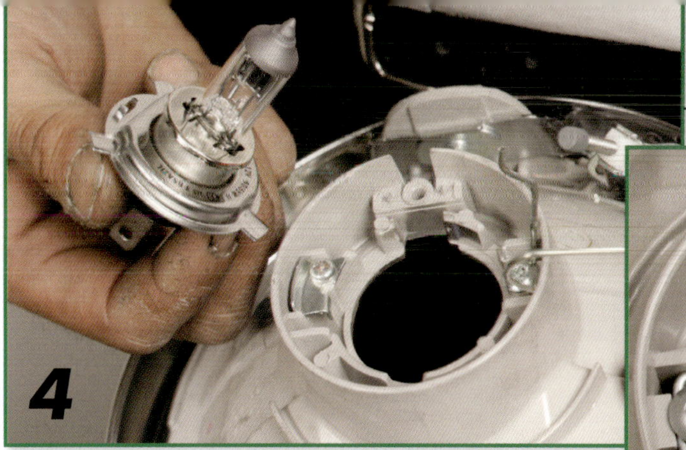

4 バルブを取り外す

バルブを取り外すには、まずリテーナーを取り外します。これでバルブを交換することができます

WARNING

バルブのガラス面に触るのはNGです。付着した油分がヒートスポットとなり、極端にバルブの寿命を縮めます

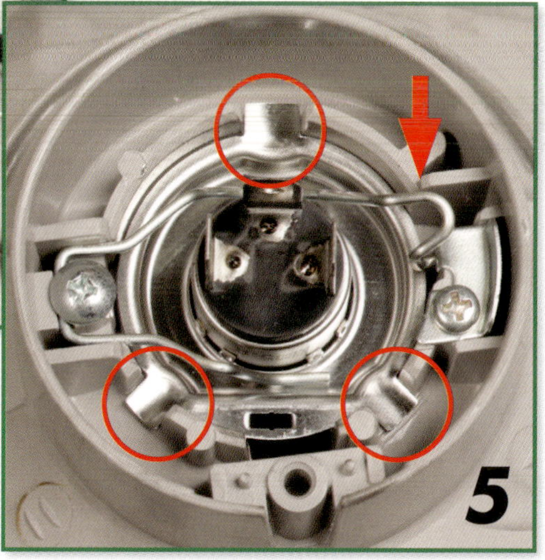

5 バルブを取り付ける

バルブの装着は、バルブの突起部分とヘッドライトレンズ側の溝（○部分）をしっかり合わせます。そして、リテーナーで固定し、アーム（↓部分）をしっかり引っ掛けて外れないことを確認します

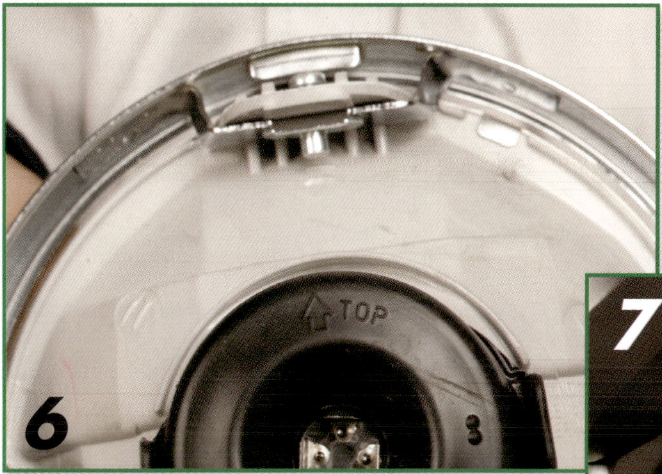

6 ダストカバーを取り付ける

ヘッドライトバルブをリテーナーで固定したら、ゴム製のダストカバーを取り付けます

POINT

ダストカバーには向きがあります。トップと記載してある部分をレンズのツメがある上側にして取り付けます

7 作動確認を行なう

取り外した時と逆の手順でヘッドライトレンズをケースへと取り付けます。そして、メインキーをオンにし、ヘッドライトが正常に点灯するかの確認します

ヘッドライトバルブの交換方法（フロントカウル装着車両の場合）

1カウル付き車両の場合

カウル付き車両の場合、ネイキッドタイプのように、レンズを取り外して交換することができません。また、作業手順は基本的に変わりませんが、作業しづらい場所となるため、ケガに注意しましょう

2 カプラーを取り外す

バルブの裏を見ると、カプラーが確認できます。まずカプラーを取り外します。断線には注意しましょう

POINT

手の入りにくい場所での作業となるため、ケガには充分注意しましょう

3 ダストカバーを取り外す

カプラーを取り外せば、ダストカバーも取り外せます。そして、ネイキッド系の車両と同様、ヘッドライトバルブはリテーナーで固定されているため、リテーナーも取り外しておきます

4 バルブを交換する

バルブを取り外し、交換します。バルブの突起部分とケース側の溝を合わせて取り付けます。バルブのガラス面に触れると、手の油分が付着しその部分に熱を帯び、極端にバルブの寿命を縮めてしまいます

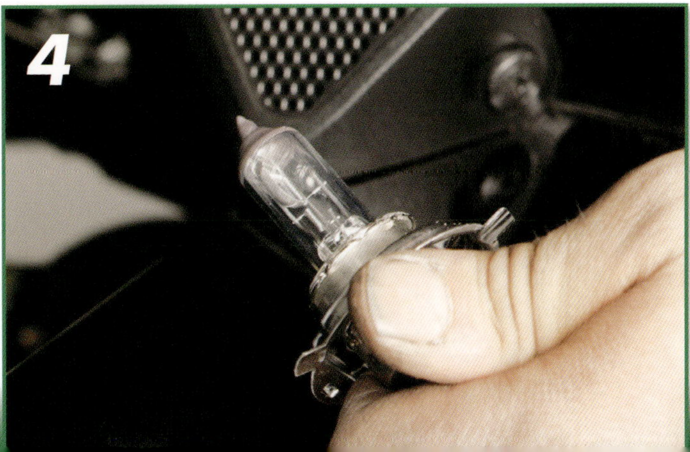

ブレーキ周り・クラッチレバー周りのメンテナンス

前後のブレーキは油圧で稼働するディスクタイプです。そして、レバー周りやブレーキフルードの点検。また、クラッチレバーメンテナンスの作業を解説します。

8 ブレーキレバーのグリスアップ

ブレーキレバーはフロントブレーキを掛けるためのパーツ。スムーズに操作できるよう調整します。

■ 工具　**レンチ　マイナスドライバー**

1ブレーキレバーを取り外す

ブレーキレバーのしゅう動部のボルトを取り外しますが、共回りするため、上のボルトをマイナスドライバーで押さえ、下側のナットをレンチを使用して緩めれば取り外せます

2レバーの状態を確認します

取り外したブレーキレバーを確認します。しゅう動部などに不具合がないか等を確認します

3ウエスで掃除する

ブレーキレバーとレバーホルダーを、パーツクリーナーを使用して、きれいに拭き上げます。ピボットボルトも同じくきれいに拭き上げておきましょう

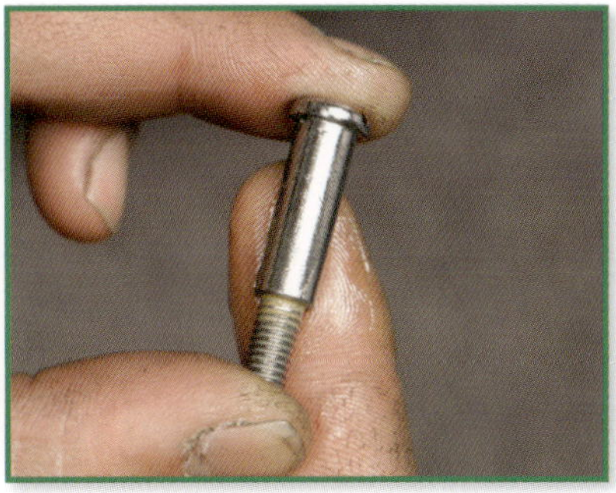

4各部のグリスアップを行なう

ブレーキレバーのしゅう動部、マスターシリンダーのピストンと接触する部分、ピボットボルトの４点を、マルチパーパスグリスでグリスアップします

POINT

マスターシリンダーのピストンを押す部分には、盛るようにグリスを厚塗りします。また、ブレーキスイッチが当たる部分のグリスは薄く塗布する。ボルトはネジ山ではなくしゅう動部をグリスアップします

先輩からのとくとく一言!

グリスはホコリを吸着するので、必要以上に塗らないように注意します。

5ブレーキレバーの取り付け

各部のグリスアップが終了したら、ブレーキレバーを取り付けます。まず、ピボットボルトをマイナスドライバーを使用して締め込み、裏側からナットで締め付けます。ピボットナットはしっかり締めておきましょう

POINT

レバーを取り付けたら、位置も調整しておきます。アジャスターを回して最適な位置にアジャストしましょう

9 ブレーキフルードの交換

レバーを握って生まれた力を、キャリパーへと伝えるのが、ブレーキフルードの役割です。

■工具　レンチ　プラスドライバー　フレアナットレンチ

1マスターシリンダーの角度を変える

最後にブレーキフルードの油面を見るため、あらかじめマスターシリンダーを水平にしておきます

POINT

マスターシリンダーの角度を調整するには、2ヵ所のボルトを10 mmのレンチで緩めれば調整できます

2マスターシリンダーのカバーを取り外す

プラスドライバーを使用して、マスターシリンダーのカバーのビスを取り外します

WARNING

フルード液は塗装やプラスチックを傷める性質があります。作業前に、周りをウエスで保護しておきましょう

3ダイヤフラムなどを取り外す

カバーを取り外すと、セットプレートとダイヤフラムを取り外すことができます

POINT

フルード液が他のパーツに付いてしまったら、すぐに水で洗い流しましょう

4ブリーダーバルブのキャップを開ける

ブリーダーバルブからブレーキフルードを排出するため、バルブのキャップを取り外しておきます

POINT

古いブレーキフルードの受けには、ペットボトルと、ビニールのチューブを用意しておきましょう

5フレアナットレンチ

ブリーダーバルブの開閉には、フレアナットレンチという特殊工具を使用します

POINT

フレアナットレンチを用意するのが理想的ですが、8 mmのレンチで代用できることもあります

6ブレーキフルードを抜く

ブレーキフルードを抜きます。エアが噛んでいるならば、エア抜きも行ないます。ブレーキレバーを2、3回握り、最後にグッと握り、その状態でバルブを緩め、フルード液とエアを抜いていき、再度バルブを締めます。この作業を繰り返して、フルードとエアを抜いていきます

7ブレーキフルードを継ぎ足す

ブレーキフルードはマスターシリンダーから絶やさないように、減ったら継ぎ足す作業を繰り返します

POINT

マスターシリンダーからブレーキフルードがなくなると、気泡が生まれ、エア噛みの原因となります

8余分なフルード液を取り除く

6・7の作業を繰り返し、フルード液がきれいになったら、マスターシリンダー内にブレーキフルードをアッパーラインまで足します。ティッシュでこよりを作ってバルブに差しこみ時間を置けば、余分な液を吸い取ってくれます

9 ダイヤフラムを確認する

バイクは左右に動いたり、場合によっては転倒もします。そういった場合に、ダイヤフラムが追従し、エア噛みを防いでくれます。そのため、一度水洗いし、エアで水分を吹き飛ばしておき、不具合がないことを確認しておきます

11 カバーを取り付ける

カバーを取り付けます。取り外したときと同じ向きで被せ、左右のビスは均等に締め込んでいきましょう

POINT

カバーをし、周りに漏れがないことを確認します。
液が滲んでいたらどこかしらに不具合があります

10 セットプレートを装着する

ダイヤフラムに問題がなければ、マスターシリンダーに被せ、セットプレートも取り付けます

CHECK

セットプレートの穴が塞がっていないことを確認します。
塞がって、空気がなくなるとダイヤフラムが下がりません

12 レバーの確認をする

フルード漏れがなければ、レバーを握って作動確認をします。握った感じに違和感を感じなければOKです。そして、ブリーダーバルブのゴムキャップを取り付け、フルード液の交換作業は終了です

10 ブレーキパッドの点検

ディスクローターへ当たり、摩擦によってバイクをストップさせるのがブレーキパッドの働きです。

■工具　**レンチ　プラスドライバー　トルクレンチ**

WARNING

ブレーキ周りの作業は、ひとつ間違えると、大きな危険に繋がります。自信がなければ、ショップにお任せしましょう

1目視で確認する

運行前に簡単に確認できる方法として、目視で行なう方法があります。単純にキャリパー内を覗き込み、パッドの摩耗具合を確認します。リアも同様に確認します

2パッドの減りを確認する

覗き込むと、写真のように、ブレーキパッドを確認することができます。ブレーキパッドの保安基準は、0.8mm以上の厚みのため、明らかにそれ以上あれば問題ありません

11 クラッチレバーの調整

クラッチの断続を行うクラッチレバーは、調節やグリスアップなどのメンテナンスを行ないます。

■工具　**レンチ　マイナスドライバー**

1レバーを取り外す

ピボットボルトを上からマイナスドライバーでおさえ、下のナットを外します。ロックナットとアジャスターの切り欠きを合わせて、そこをワイヤーを通してレバーを取り外します

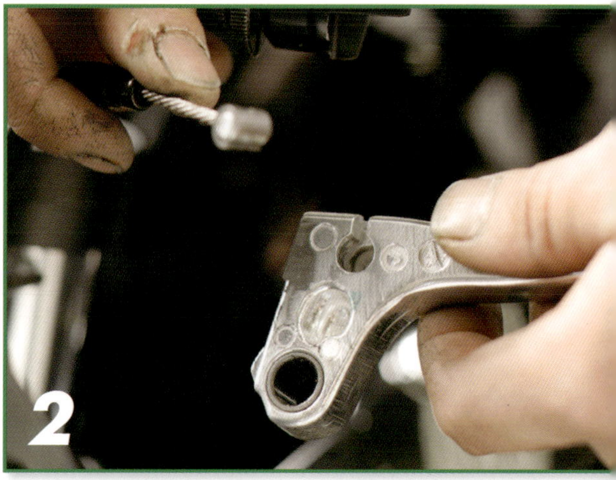

2 ワイヤーを取り外す

レバー裏側の切り欠きの位置にワイヤーのタイコを合わせて外します

3ウエスで掃除をする

レバーを取り外したホルダーは、パーツクリーナーをしみ込ませたウエスできれいに清掃し、しゅう動部に万能グリスを塗布しておきます

先輩からのとくとく一言!

クラッチレバーは頻繁に動かす部分です。偏摩耗などがないかも確認して、組み立てます。

4レバーのグリスアップ

取り外したレバーはパーツクリーナーとウエスできれいに清掃し、しゅう動部に万能グリスを塗布しておきます

5タイコ部分のグリスアップ

ワイヤーのタイコ部分がレバーとの接続部分です。そこにグリスを塗布して、取り外した時と逆の手順でワイヤーとレバーを取り付けます

6ワイヤーのグリスアップ

ワイヤーインジェクターを使い、ワイヤーをグリスアップすることができます

POINT

スムーズなクラッチ操作ができない場合は、新品に交換することも考えておきましょう

7 レバーを取り付ける

クラッチレバーをレバーホルダーに取り付け、上からピボットボルトを差し込み、下側からナットで締めて固定します

8 エンジン側のアジャスター

2本のレンチで両方のナットを緩めます。遊びが多いときは、右のナットを緩めて左のナットを締めます。遊びを作りたい時は逆の手順です

POINT

アジャスターとロックナットの切り欠きの位置は、雨が入らない上や前以外の位置に調整しましょう

9 レバー側のアジャスター

微調節はレバー側のアジャスターで行ないます。アジャスターとロックナットの切り欠きが上を向いていると、雨でワイヤーが錆びてしまいます

10 遊びを確認する

レバーを握り、遊びが規定量であればOKです。ハンドルを左右に切って確認することも忘れずに行ないましょう

覚えておきたい CB400SF のメンテナンス

足周りのメンテナンス

唯一地面と接地する部分であるタイヤ。そのタイヤが減っていたり、空気が入っていないと、快適な走行ができない上、大きな危険に繋がってしまう大切なパーツです。

12 ドライブチェーンの調整

エンジンから生まれた動力を、スプロケットを介して後輪へ伝えるのがドライブチェーンです。

■ 工具　**レンチ**

1チェーンのグリスアップ

チェーンの張り調整を行なう前に、チェーンのグリスアップを行ないます。チェーンルーブをチェーンのローラーに吹きかけます。タイヤを回転させ、まんべんなく吹きかけましょう。汚れがひどい場合は、チェーンの側面にもルーブを吹きかけ、その後ウエスで拭き取ります。チェーンクリーナーを使用しても構いません

2ウエスで汚れを取り除く

側面に吹きかけたチェーンルーブを、ウエスで汚れと一緒に拭き取っていきます。一コマ一コマ丁寧に拭き上げていきましょう

3チェーンの張りを見る

前後のスプロケットの中心に当たる位置のチェーンを持ち上げ、規定値内の遊びであれば問題ありません。緩みすぎ、張りすぎの場合は、調整する必要があります。また、チェーンが古くなると、伸びムラができるので、確認はタイヤを回転させ、数ヵ所の張りを確認します。ひどい状態なら、チェーンを新品に交換しましょう

4アクスルシャフトを緩める

ドライブチェーンの張り調整を行なうためには、まずリアのアクスルシャフトを緩め、タイヤをある程度フリーにしておく必要があります。アクスルシャフトは共回りするため、2本のレンチを使用して緩めます。取り外す必要はなく、あくまで緩めるだけです

先輩からのとくとく一言!

張りすぎた場合は一度大きく緩め、再度張りながら、適正な遊び量に調整します。

5アジャスターを回す

片手でチェーンの張りを確認しながら、もう一方の手でアジャスターを反時計回りに回して調整していきます

6合わせ位置を確認する

スイングアームの後方に目盛があります。チェーンを張って調整し終えたら、逆側のアジャスターも回転させ、左右が同じになるように調整します

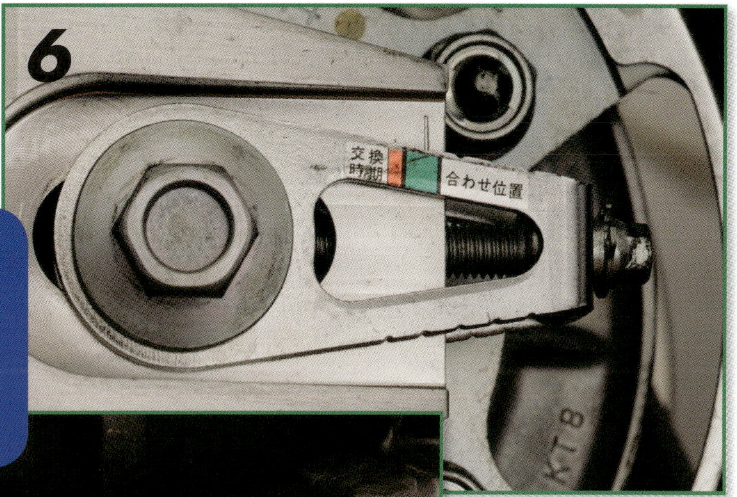

先輩からのとくとく一言!

アジャスターの目盛りがシールの赤い位置になったら、チェーンの交換時期です。

7アジャスターを回す

目盛に合わせ、逆側のアジャスターも反時計回りに回転させます。左右の長さをしっかり合わせないとタイヤが傾いてしまうため、しっかり調整しましょう

8アクスルシャフトを締める

緩めておいたアクスルシャフトを締め込みます。トルクレンチを使用して、規定のトルクで締め込みます。その後、再度左右のアジャスターを反時計回りに5°程度回しておきます。そして、チェーンの遊びが、規定値であることを確認します。張りの確認は数ヵ所で行ないましょう

13 タイヤの点検

唯一地面と接地する部分であるタイヤ。摩耗具合や空気圧の点検を行なっていきます。

■工具　**空気圧計**

1目視と触診で確認

タイヤを手で押し、空気圧を確認します。明らかに手で押して凹むようであれば、空気圧が低いということです。そして全体を見て、摩耗や劣化具合、クギなどの異物が刺さっていないかを確認しておきましょう

2△マークを確認する

タイヤは溝が減ってくると大きな危険へと繋がります。チェックの方法は、タイヤの側面、サイドウォールにある△マークを探し、その延長線上にある突起部分がスリップサインです

3スリップサインを確認する

△ マークの延長線上の溝にある突起部分がスリップサインです。タイヤの表面がこのスリップサインまで減ってきた時が交換のサインということになります

4使用期限を超えたタイヤの例

空気圧も低い状態で走行していたため、タイヤが波を打ったようにボコボコしています。こうなる前に早めに交換しましょう

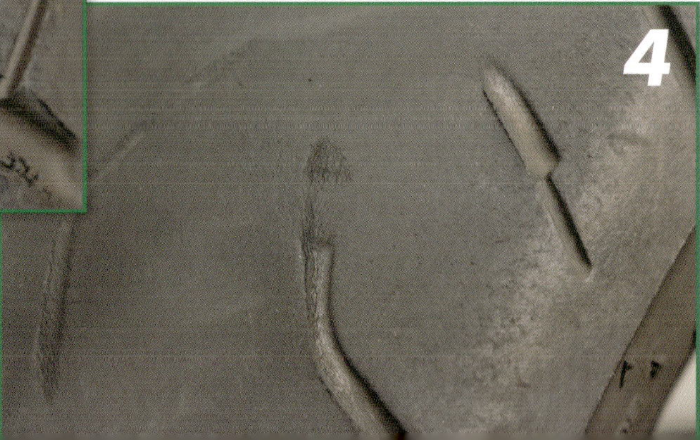

POINT

タイヤは急激に減る物ではないですが、簡単にチェックできる場所なので、走行前に確認しておきましょう

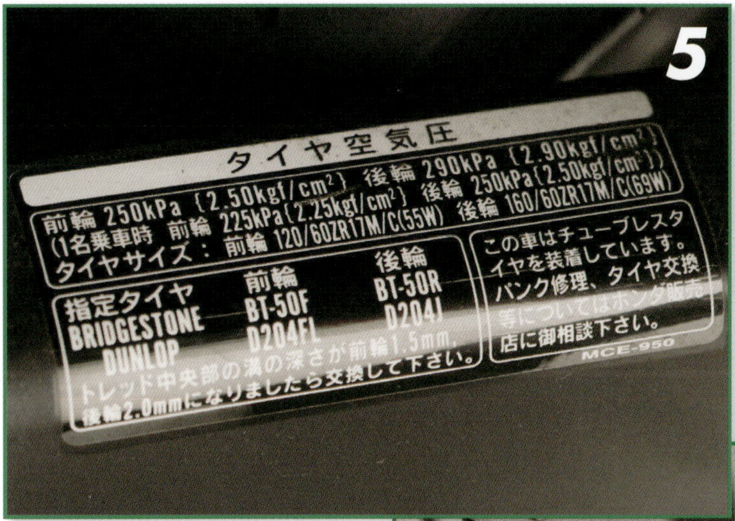

5指定の空気圧を確認する

チェーンカバーには、指定の空気圧を表示するステッカーが貼ってあります

POINT

CB400SB Revo の場合は、一人乗車時で、前輪が 225kPa、後輪が 250kPa の空気圧となります

6空気圧計で計測する

タイヤのバルブキャップを外し、空気圧計を使用して空気圧を計測します

POINT

空気圧が高い場合は、圧を抜いて調整します。低い場合は、空気を入れ、空気圧を計測しながら調整します

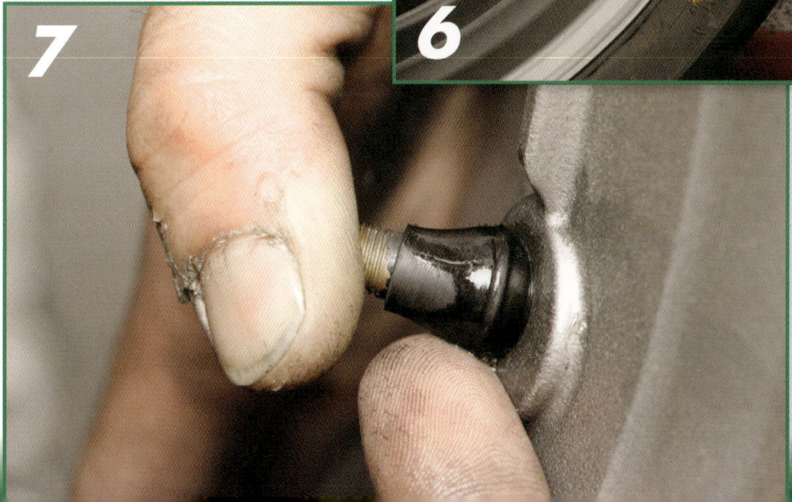

7バルブキャップを取り付け終了

バルブの状態を確認します。全体を見て・触って、不具合がないかを確認します。特に根元部分の劣化による空気漏れはよくあるので、石鹸水を塗って確認します。問題がなければ、バルブキャップを取り付けて終了です

技能教習の標準に準拠

現役指導員が教える

普通自動二輪免許 パーフェクトガイド

Staff

PUBLISHER
高橋矩彦　Takahashi Norihiko

PRODUCER
河合宏介　Kawai Kosuke

PHOTOGRAPHER
小峰秀世　Komine Hideyo
河合宏介　Kawai Kosuke

WRITER
原野英一郎　Harano Eiichiro

MOVIE CAMERAMAN
河合宏介　Kawai Kosuke

DV EDITOR
ゆきな　Yukina

CO-OPERATE
新東京自動車教習所

INSTRUCTOR
櫻澤甲介　Sakurazawa Kosuke

PRINTING
中央精版印刷株式会社

PLANNING,EDITORIAL & PUBLISHING
STUDIO TAC CREATIVE CO.,LTD.
(株) スタジオ タック クリエイティブ
〒151-0051　東京都渋谷区千駄ヶ谷 3-23-10 若松ビル 2F
2F, 3-23-10, SENDAGAYA SHIBUYA-KU, TOKYO 151-0051 JAPAN

[企画・編集・デザイン・広告進行]
Telephone 03-5474-6200 Facsimile 03-5474-6202
[販売・営業]
Telephone 03-5474-6213 Facsimile 03-5474-6202

URL http://www.studio-tac.jp
E-mail stc@fd5.so-net.ne.jp

2210F

2011年2月28日 発行

警告

本書に記載されている内容は、プロの指導員によって行われたライディングを再構成したものです。ライディング練習をする上での安全性や効果等は、すべてそれを行う個人の技量や注意深さ、体調等に委ねられるものです。よって本書の内容に準じた練習であっても、出版する当社、スタジオ タック クリエイティブ、および監修先各社では、練習の効果は一切保証いたしかねます。また、その練習において発生した事故やケガ、器物の破損についても当社では一切の責を負いかねます。すべての練習におけるリスクは、練習を行うご本人に負っていただくことになりますので、充分にご注意ください。

STUDIO TAC CREATIVE
㈱スタジオ タック クリエイティブ

ISBN978-4-88393-441-6